水产品质量安全政府规制与养殖户生产行为研究

郑建明　著

海洋出版社

2014 年·北京

图书在版编目（CIP）数据

水产品质量安全政府规制与养殖户生产行为研究/郑建明著. —北京：海洋出版社，2014.4

ISBN 978 - 7 - 5027 - 8753 - 0

Ⅰ.①水…　Ⅱ.①郑…　Ⅲ.①水产品 – 质量管理 – 安全管理 – 研究②水产养殖业 – 质量管理 – 安全管理 – 研究　Ⅳ.①TS254.7②S9

中国版本图书馆 CIP 数据核字（2013）第 294450 号

责任编辑：苏　勤
责任印制：赵麟苏

海洋出版社　出版发行

http：//www. oceanpress. com. cn

北京市海淀区大慧寺路 8 号　邮编：100081
北京旺都印务有限公司印刷　新华书店发行所经销
2014 年 4 月第 1 版　2014 年 4 月北京第 1 次印刷
开本：889mm×1194mm　1/16　印张：12.5
字数：200 千字　定价：58.00 元
发行部：62132549　邮购部：68038093　总编室：62114335

海洋版图书印、装错误可随时退换

水产品质量安全政府规制与养殖户生产行为研究

摘　要

我国水产养殖业的发展不仅对中国，而且对世界渔业产量的增长都做出了重大的贡献。水产养殖业一直是我国农业和农村经济中发展最快的产业之一，水产品是人类食物中动物蛋白的主要来源之一，水产品质量安全属性越来越受到政府、渔业中介组织、水产养殖业生产经营者和消费者有关方面的重视。任何一种产品质量安全关键是源头要安全，水产养殖户的生产行为对水产品质量安全具有重要的影响。

农产品认证制度一直是政府提高农产品质量安全的重要举措。根据农产品质量特点和生产过程控制要求，农产品可以分为一般农产品和认证农产品。在现阶段，我国水产养殖产品的安全认证主要是无公害水产品认证，无公害水产品属于认证农产品，无公害认证在提高我国水产养殖产品质量安全方面具有积极的作用。

政府规制经济学理论阐明，只要存在市场失灵的领域，政府就可以介入，而水产养殖产品质量安全信息不对称、公共产品属性和外部性特征，从经济学的角度为水产养殖产品质量安全政府规制提供了合理的理由。最近几年我国政府针对水产品质量安全问题，颁布并实施了诸多的水产养殖产品质量安全政策措施，这些政策的制定和实施对养殖户的生产行为与经济效益产生重要的影响，但是我国水产养殖产品质量安全问题仍屡屡发生。因此，研究政府规制对养殖户的影响具有理论和实践指导意义。

　　本书共分8章，第1章是绪论，正文部分由第2章到第7章构成，第8章是本研究的总结和展望。第2章从文献回顾开始，评述有关水产品质量安全的研究现状，并说明本研究的思路来源，之后构建并阐述本研究的理论基础主要是政府规制理论和养殖户行为理论，这部分是本研究的思想理论基础。第3章是研究现状分析，阐述了我国水产养殖产品质量安全问题发生的原因及其机制，也分析了我国和上海市水产养殖产品质量安全政府规制的现状及其存在问题。第4章至第6章是实证研究部分。第4章是理论分析。第5章构建了二元Logit模型，实证分析养殖户无公害认证水产品生产决策行为的影响因素，以考察政府规制变量对养殖户生产决策行为的影响；第6章构建两阶段平均处理效应模型，实证分析水产养殖产品质量安全政府规制对养殖户经济效益的影响，并在第5章的基础上，进一步考察了政府规制相关变量对养殖户经济效益的影响。第7章是国际经验借鉴分析，重点分析了欧盟、美国、挪威和日本水产养殖产品质量安全政府规制经验。第8章是政策建议和进一步研究展望。

　　本研究是为了提高我国水产养殖产品质量安全程度，对我国水产养殖产品质量安全政府政策对养殖户影响进行调查和评估，以便为我国水产养殖业健康可持续发展提供政策建议，为政府相关部门有效引导广大养殖户从事安全健康的水产养殖业提供借鉴。本研究在体系上遵循提出问题、分析问题和解决问题的逻辑框架；在方法上以现代经济学和公共政策学方法为指导，采用规范分析和实证分析相结合的研究方法；在水产养殖产品质量安全政府规制和水产品质量安全问题的现状方面，以定性分析为主；在政府规制对养殖户经济效益和质量安全生产决策行为的影响方面，以定量分析为主。

　　本研究从我国水产品质量安全现状和政府规制现状评价出发，结合水产养殖具有区域性特征，主要选择在上海市郊区水产养殖业中具有代表性的崇明县、青浦区、奉贤区和金山区为调查区域，采用抽样调查方法获得上述四个区域水产养殖户的第一手资料和数据，建立经济计量模型，试图实证分析水产养殖产品质量安全政府规制对养殖户经济效益和质量安全生产决策行为的影响。

本研究通过对我国水产养殖产品质量安全问题与政府规制的现状，实证分析了水产养殖产品质量安全政府规制对养殖户经济效益和养殖户无公害认证水产品生产决策行为的影响因素，得出以下主要结论。

第一，我国水产养殖产品质量安全政府规制体系存在较多问题。法律法规体系比较狭窄，还未有生产责任法，导致安全事故责任追究困难，追究成本也很高。我国渔业行政管理体系存在多头管理现象，政府相关部门之间利益很难协调。由于庞大而分散的养殖户，导致我国水产品质量安全检测员很难长期有效地跟踪检测养殖户的生产行为。现阶段，我国正大力推进无公害等农产品质量安全认证，但是水产养殖产品的安全认证制度还有待完善。

第二，上海市渔业行政管理部门坚持以养为主的渔业发展方针，上海市水产养殖业一直比较发达，形成鱼、虾、蟹等特种水产养殖的发展态势。基于公共政策学的理论，通过比较上海市两个郊区镇级水产养殖产品质量安全政府规制的政策执行情况，本研究认为：在水产养殖政府规制体系中，渔业行政管理人员配置的不同、政府管理人员政策执行方式的不同，造成养殖户质量安全意识观的不同，水产养殖产品质量安全状况的不同。因此，分析养殖户质量安全生产行为以及养殖户生产经济效益，有利于我国水产养殖产品质量安全政府规制政策有效的制定和执行，从而提高我国水产品质量安全程度。

第三，随着农业部"无公害水产品行动计划"的推动以及其他政府规制措施的实施，必将对养殖户无公害认证水产品生产决策行为产生影响。基于上海市郊区养殖户的调查，应用二元 Logit 模型实证分析养殖户无公害认证水产品生产决策行为影响因素。通过实证分析发现，在政府规制变量中，养殖户对质量安全监管认知变量和是否参与渔业产业化组织变量对养殖户安全认证生产决策行为存在显著性的影响。如果使得养殖户对质量安全监管认知的取值增加一个单位，可使得养殖户参与无公害认证养殖行为的概率增加 0.090。如果养殖户从没有参与水产养殖业产业化组织到参与水产养殖业产业化组织，可使得养殖户参与无公害认证养殖行为的概率增加 0.452。因此，为了提高水产品质量安全的程度，政府部门可以推广"无公害认证"水产品的养殖，可以进一步加大对水产品质量安全监管的宣传力度和执行力度，从而提高养殖户对质量安全监管的认知。另外，为了有效组织无公害水产品的认证，以水产合作社为平台，提高养殖户生产的产业化组织程度也是非常必要的。

第四，现实中的养殖户大致可以区分为普通养殖户和无公害认证养殖户。通过对调查获得数据统计分析发现，不同品种养殖户的经济效益差别较大，无公害认证养殖户的经济效益要高于普通水产品养殖户的经济效益。通过应用平均处理效应模型分析水产养殖产品质量安全政府规制对养殖户经济效益影响的因素，可以发现，在有关政府规制的变量中，是否参与无公害认证、政府资金补贴和产品产地标签对养殖户每亩经济效益具有显著影响。水产养殖产品质量安全和养殖户自身利益是密切相关的，政府采取各种不同的规制方式会影响养殖户的经济效益。是否是无公害认证养殖户对养殖户经济效益存在显著影响，在10%置信水平上通过检验，且相关系数为正，这说明养殖户从普通养殖户转变为无公害认证养殖户，在平均意义上，其每亩（1亩≈0.0667公顷）经济效益会增加471.667元。因此，渔业行政管理部门应加大无公害水产养殖产品认证的力度，以有利于养殖户经济效益的提高。

水产养殖产品质量安全问题是一个非常复杂的问题，既可以从技术层面予以解决，也可以从规范人的行为来提高水产品质量安全程度，本研究是从后者的角度研究。

本研究的主要创新点在于：①构建了研究政府规制对养殖户影响的理论体系；②从数据调查出发，构建了水产养殖产品质量安全政府规制对养殖户经济效益影响的实证模型，并对计量结果进行分析；③基于数据调查，构建了养殖户无公害认证生产决策行为影响因素的实证模型，并对计量结果进行了分析。

由于研究时间和资料可获得性方面的原因，本研究在以下几个方面有待进一步完善：①水产养殖业产业化组织与质量安全保障体系理论与实证研究；②水产养殖产品可追溯体系研究；③分品种深入研究水产养殖产品质量安全问题发生机理。

前　言

　　目前，我国的渔业产量主要来自于水产养殖生产，世界水产养殖产量的增加 80% 以上来自于中国，中国的水产养殖产品产量占世界水产养殖产品产量的 70%。因此，我国水产养殖业的发展不仅对中国，而且对世界渔业产量的增长都做出了重大的贡献。水产养殖业的持续、健康发展是我国全面建设小康社会和社会主义新农村建设的需要。规范农业生产、保障质量安全和满足大众健康消费是我国安全农产品生产的政策导向，在水产养殖业也不例外。水产品是人类食物中动物蛋白的主要来源之一，水产品质量安全属性越来越受到政府、养殖业者和消费者等有关方面的重视。

　　在国内学术界，对"三农"问题的研究可谓热闹，研究成果也颇为丰富，但是对养殖水产品质量安全的调查研究却不是很多。养殖渔业的经济属性和社会属性与一般的农业有着很大的不同，因此，应用经济学的分析方法，以养殖户为调查对象，研究养殖水产品质量安全问题就具有了特别的意义。既可以弥补传统"三农"问题研究的不足，也可以揭示养殖水产品质量安全内在的经济属性。国内对渔业经济学的研究已经开展了很多年，取得了不少的成果，但是应用计量经济学的研究方法仍比较少，专门对一些地域的调查研究也不是很多。因此，通过实地调查方法获得数据，应用计量经济学研究方法，研究养殖水产品质量安全问题的意义非常重大。在这本《水产品质量安全政府规制与养殖户生产行为研究》专著中，笔者选择产出更多的养殖水产品质量安全为研究对象，通过深入微观层面的调查，在理论分析的基础上，应用平均处理效应模型实证研究水产品质量安全政府规制政策与养殖户生产经济效益和生产行为的关系逻辑。通过调查和实证研究，本研究阐述了水产品质量安全政府规制对养殖户有着重要影响，并从计量的角度给予了分析和回答。

　　功夫不负有心人，这部关于水产品质量安全政府规制的著作终于完成了。希望该专著能够为广大渔业经济管理的研究和管理工作者带来一定的借鉴作用。

郑建明

2013 年 5 月 18 日

目　录

1 绪 论

1.1 研究背景

1.1.1 我国水产品产量结构趋势分析

水产品历来是人类食物的重要组成部分之一。水产品为人类提供了大约30%的动物蛋白食物[①]。水产品是人类食物中动物蛋白的主要来源之一（表1-1），它与谷物类主食食物既有不可替代性也有互补性，同时与肉蛋类食物还存在替代性。鱼类、虾蟹类、贝类等水产品的蛋白含量和质量都较高，水产品蛋白质结构有利于消化吸收，水产动物脂肪属于不饱和与高度不饱和脂肪，对人类健康有益。1995年联合国粮农组织在日本京都世界渔业大会上把水产品列为人类食物的主要组成部分。

表 1-1 常见食品蛋白质含量

食品种类	蛋白质含量/%
鱼虾蟹等水产品	18~20
瘦猪肉	16.7
牛肉	17.7
羊肉	13.3
鸡蛋	14.8

资料来源：范守霖主编：水产养殖员. 北京：中国劳动社会保障出版社，2006年。

---

① Body C E. Guidelines for aquaculture effluent management at the farm-level. Aquaculture, 2003, 226: 101-112.

目前，水产养殖是世界上发展最快的食品生产领域之一，水产养殖产品对全世界食品保障发挥着越来越重要的作用[①]。根据联合国粮农组织（FAO）的估计，全球完全开发或衰退的鱼类资源已超过70%，为满足未来日益增多的水产品需求，水产养殖所承担的作用日益趋重。全球水产养殖产品的产量占水产品总产量的比重正在逐年提高，从2000年的25.7%上升到2008年的36.9%[②]。

全球水产养殖增长迅速，近20年水产养殖产量以每年10%以上的速率增长。过去几年，水产养殖对人类消费水产品供应量的平均贡献从1996年的30%增长到2006年的47%[③]。我国为保护海洋渔业资源，出台限制捕捞和鼓励水产养殖的政策，这些政策的制定和实施，极大地促进了我国水产养殖业的发展，从而提高了我国水产养殖产品的产量。据FAO统计，目前我国水产品产量约占世界水产品总产量的40%，我国水产养殖产量约占世界养殖总产量的70%[④]。

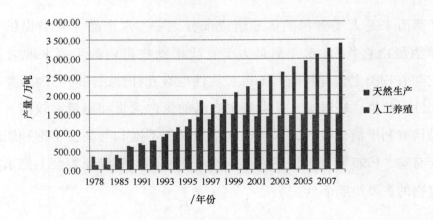

图1-1　养殖和捕捞水产品产量

数据来源：中国统计年鉴

从图1-1可以清晰地看出，人工养殖水产品产量自1978年以来逐年提升，1996年我国水产养殖产量接近2000万吨，到2009年我国人工养殖水产品产量已接近3500万吨。我国捕捞水产品产量占总产量的比例呈现明显的下降趋势。

①　世界卫生组织编. 水产养殖产品的食品安全指南. 北京：人民卫生出版社，2000：2.
②　FAO. Yearbook fishery and aquaculture statistics 2008.
③　FAO. 2008 世界渔业和水产养殖状况. 罗马：联合国粮农组织，2009：61.
④　FAO. Review of the state of world marine fishery resources. Rome：FAO，2005.

1996 年以后我国捕捞水产品总量增长基本停滞，一直维持在 1 500 万吨以下。最近几年捕捞水产品总量有下降趋势，而人工养殖水产品产量稳定增长，可见，我国水产品需求增量主要依靠人工养殖产品供给增长来满足。1992 年捕捞水产品产量占总产量的比例与人工养殖水产品产量占水产品总产量的比例相当，之后人工养殖水产品产量占水产品总产量的比例超过捕捞水产品产量占水产品总产量的比例。到 2008 年我国水产养殖产品产量约占水产品总产量的 71%。由此可见，水产养殖业的健康发展对水产品安全有效供给具有非常重要的影响。

1.1.2 我国水产品出口贸易分析

据美国《芝加哥论坛报》报道，2007 年 4 月被美国海关禁止入境的 257 批食品中至少有 137 批含有违禁药物或违禁配料，其中大部分是鱼类和海鲜产品。我国水产品出口额居农产品出口额首位，这表明水产品出口在我国农产品出口及我国外贸出口中占有重要地位。但随着全球对食品安全的重视，水产品质量问题成为我国水产品出口的瓶颈。根据国家质检总局每年发布的《中国技术性贸易措施年度报告》，近年在中国食品出口受阻案例中，水产品约占 1/3，位居第一。

随着经济全球化步伐的加快，世界食品贸易量持续增长，同时食源性疾病也随之呈现出种类多、流行快、影响范围广等新特点。质量安全是水产品市场竞争的关键因素，水产品质量安全问题是一些国家设置水产品贸易技术壁垒的主要借口。由于世界各国之间对水产品药物残留的认识和超标限量标准不一，有些发达国家出于某些政治目的，有意提高药物残留标准最低限值，以此抬高来源国水产品进入本国市场的门槛形成贸易壁垒。2001 年我国出口欧盟对虾的"氯霉素风波"就被分析含有明显的贸易壁垒色彩[①]。表 1-2 所示为我国水产品出口主要市场国家对我国水产品贸易技术壁垒事件，从表 1-2 可以看出这些技术壁垒具体要求大多表现出要加强对水产品源头生产阶段的质量控制。

---

① 关军强. 常见水产品质量安全事件的成因及特点. 渔业致富指南，2008（15）：16-18.

表1-2　1995—2007年我国水产品出口发生的技术壁垒摩擦事件

时间	国家和地区	与我国水产品出口方面的技术壁垒内容
1995	美国	美国食品和药物管理局（FDA）宣布对中国虾类制品实行自动扣留
1996	欧盟	自1997年7月1日起禁止进口中国双壳贝类产品
1997	欧盟	决定禁止进口中国鲜活水产品，并对来自中国的冷冻和加工水产品采取逐步微生物检验
2001-09	欧盟	因舟山冻虾氯霉素超标事件将中国产冻虾产品纳入其食品快速预警机制，决定对来自中国的虾要逐批检验
2001-10	欧盟	欧共体理事会发布法规，要求所有输往欧盟的水产品必须标明名称、生产方式等信息
2002-01	欧盟	全面禁止中国动源性食品（2004年10月解禁）
2002-01	美国	由于欧盟的禁令，FDA做出反应，对我国虾产品发出预警通报，并再次发文禁止在动源性食品中使用氯霉素等11种药物
2002-03	日本	厚生省宣布对我国动物产品实施严格检查，公布了11种药物残留限量
2002-05	美国	路易斯安那州农林部通过紧急法案，对从中国进口的所有小龙虾和虾类产品进行氯霉素检测
2002-12	欧盟	决定禁止从中国进口海上水产养殖产品
2003-03	日本	厚生省宣布对我国动物实施严格检查
2005-07	日本	日本政府对我国水产品实施强制检测"孔雀石绿"等药物残留
2007-06	美国	控制对来自中国的养殖鲶鱼、虾等品种进口，中美发生水产品贸易争端

资料来源：中华人民共和国商务部网站（2008年）。

　　我国水产养殖产品产量占世界的产量较高，但是国际交易量较低，造成这种局面的主要原因是我国水产养殖产品质量安全问题严重。另外，随着我国水产养殖业产量在水产品总产量中比重的增加，养殖水产品出口在世界水产品出口中的地位逐渐提高。2006年我国水产养殖产品出口量和出口额达到了118万吨，约46.4亿美元，占水产品出口总额的39%和49%。2008年，我国水产品进出口总量为684.8万吨，进出口总额为160.2亿美元，同比分别增长4.9%和10.7%，其中出口额106亿美元，占农产品出口总额的26.2%[①]。出口水产品一旦发生质量安全问题不仅严重影响我国水产品的国际形象，也不利于我国水产养殖业的健康发展。因此，加强水产养殖产品质量安全政府规制非常必要。

①　我国水产品出口首次突破百亿美元，《农民日报》第1版，2009年2月27日。

1.1.3 我国居民肉类、蛋和水产品消费结构分析

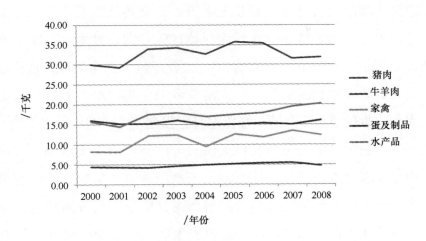

图 1 - 2 我国居民家庭主要商品数量单位人均消费量

数据来源：作者根据中国统计年鉴整理

随着我国城乡和农村居民经济水平的提高，人民群众的"菜篮子"变得更加丰富，食品消费观念从以前的追求数量向追求质量转变，在食品消费上追求安全健康的食品，崇尚绿色消费，食品消费结构日趋合理。从总体趋势上看，我国居民水产品的消费数量呈现增加的态势。从图 1 - 2 可以看出，自从 2005 年以来我国居民人均猪肉类消费量呈现下降趋势，而水产品人均消费量逐年上升。从 2001 年到 2008 年，居民人均水产品消费量的年均增长率为 7% 左右，2008 年居民在图 1 - 2 所列的 5 种消费品中人均水产品消费量所占比例为 23.7%。猪肉人均消费量由 2004 年的 35.77 千克/人下降为 2008 年的 31.91 千克/人，水产品人均消费量由 2004 年的 16.97 千克/人上升为 2008 年的 20.25 千克/人。

中国水产品总量的提高和品种的多样化，极大丰富了城乡居民的"菜篮子"。由于受收入水平、价格以及消费者偏好的影响，我国水产品弹性系数既不同于其他主食类谷物食物产品，也不同于猪、羊、牛肉等大宗动物蛋白食物产品[1]。中国水产品的商品率比较高，大约在 95% 以上，因此水产养殖产品的产量

---

[1] 李继龙，吴万夫. 我国水产品生产与对食物安全的贡献. 中国渔业经济研究，1997 (6)：19 - 21.

通常就是市场水产养殖产品的供应与消费数量。水产品的规格分类、包装形式的创新发展，对销售和消费的影响很大。许多名特优产品不仅在沿海地区大受欢迎，在内陆市场的销售量也在稳步地上升。一些传统高档产品，如河鳗、鳜鱼、对虾、河蟹等，随价格逐渐降低而开始进入寻常百姓家。我国水产品的需求和消费，经历了"食鱼难"、"食有鱼"、"食好鱼"三个阶段，富裕起来的老百姓更加讲究高质量的食品结构。广大消费者关注我国水产养殖产品生产环境的改善，安全卫生优质水产品的市场需求日益强烈①。

由此可见，我国城镇居民和农村居民对水产品消费大大增加，对水产品质量安全的内在要求也逐步提高。同时，由于水产养殖产品的产量和消费量增加较快，水产养殖产品受到关注的机会相对较高，质量安全方面稍有问题就会引起社会的普遍关注。长此以往，如果随机发生的质量安全事件在一段时间内频繁发生，消费者就会逐渐形成思维定势，认为水产养殖产品容易出现质量安全问题。

1.1.4　我国政府高度重视水产品质量安全问题

民以食为天，食以安为先，食源性疾病是一个受到消费者、生产者以及公共卫生部门广泛关注的公共卫生问题。尽管人们对食源性疾病的警惕性正在不断提高，但是这种疾病的发病率似乎并没有呈现出下降的趋势。同时，由于食源性疾病的漏报率很高，因此全球范围内食源性疾病的发病率是不可低估的。食源性疾病的监测体系及其病源因子的鉴定技术已经在英国、美国及荷兰等国家建立了许多年。1983—1992 年由美国列出的导致食源性疾病的食品名单上水产品列第三。根据美国和英国的统计资料表明：在食源性疾病暴发率的病例中，10%～25%是由水产品引起的。水产品营养丰富，是低脂高蛋白的食品，水产品的安全性备受国内外的关注。在人类经济发展水平日益提高的同时，人类对于食品和水产品质量安全的要求也不断提高。由于水产品贸易的全球化、水产品产业发展一体化、水产品养殖技术和品种的创新、水产品加工过程中新技术

---

①　陈蓝苏，中国养殖水产品国内市场现状及展望（中）. 科学养鱼，2008（6）：1 - 2.

的应用等原因，水产品质量安全问题也日益复杂化、国际化，对人体健康、经济和社会造成的影响也越来越大。

在国际上，随着渔业技术的快速发展，水产业一方面提供给人类优质蛋白质，另一方面也严重地影响环境，直接或间接地影响了人类的健康。1962 年，美国女海洋生物学家蕾切尔·卡逊（Rachel Carson）的《寂静的春天》一书问世，它那惊人骇世的关于农药危害人类环境的预言以及食用农药污染食品而引起病症的描述，强烈震撼了社会广大民众，引起了很大的争议。从此美国、日本、加拿大等国家开始了对食用农产品，包括食用水产品质量安全问题的研究。20 世纪 80 年代，受可持续发展思想的影响，可持续农业的概念得以确立，并在全球范围内传播，农业的可持续发展要求之一就是要保障农产品的质量安全。至此，水产品质量安全问题也受到高度重视。

我国政府对农产品安全的关注逐步转移到产品质量上来，也就是说食品安全由数量安全（Food security）转移到质量安全（Food safety）上来①。随着水产品市场供求关系的变化，人民生活水平的日益提高，水产品进出口贸易的迅速增长，水产品质量安全问题越来越突出。质量安全问题不仅关系到人民群众的身体健康，而且影响着水产养殖业的自身发展。我国是水产养殖大国，水产养殖业在大农业中具有重要的地位，水产品质量安全管理成为保障"菜篮子"质量、促进社会稳定的重要因素。所谓水产养殖是指对鱼类、软体动物、甲壳类动物等水生生物和水生植物的养殖。养殖意味着在饲养过程中需进行某些干预措施以提高产量。当水产养殖转变为一个重要的食品生产部门时，对水产养殖产品质量安全问题进行适当的管理就显得越来越重要。

但是，我国先后发生了"氯霉素风波"、"福寿螺"和"多宝鱼"事件，给我国水产业造成很不好的影响。2006 年是水产品安全的"多事之年"，国家食品药品监督管理局公布的 10 大食品安全事件中，水产品质量安全问题占了 4 件：福寿螺致病、大闸蟹致癌、桂花鱼有毒、多宝鱼药残超标。在食品安全关系民生的重大问题上，我国水产品质量安全问题已提到了议事日程上来，我国政府

---

① 范小建. 中国农产品质量安全的总体状况. 农业质量标准，2003（1）：4-6.

也非常重视对水产品质量的安全管理①。

"十一五"期间，我国采取了一系列措施，如大力开展药物残留监控、专项整治、质量认证等，使广大生产经营者的质量安全意识有所增强，水产品质量安全水平有所提高。特别是自"无公害食品行动计划"实施以来，水产品质量安全法规逐步建立和完善，国家相继颁布了一系列既立足国内实际又与国际接轨的法律和法规。在新的历史条件下，水产养殖产品质量安全成为我国水产业是否能可持续发展的关键因素，也是我国水产业增长方式转变的一个重要课题。在"十二五"规划中，我国提出要大力发展现代农业产业体系，要建设现代化渔业，实现渔业发展方式的转变，就必须在水产品质量安全方面下更大的功夫。

1.2 研究对象、研究意义与研究目的

1.2.1 研究对象选择

本研究是以人工养殖，并用于消费的水产养殖产品的质量安全问题为主题，研究水产养殖产品质量安全政府规制对养殖户的影响。本研究重点探讨我国水产养殖产品质量安全现状、问题及其原因；水产养殖产品质量安全政府规制现状和问题；水产养殖产品质量安全政府规制对养殖户经济效益影响的实证分析；水产养殖户无公害水产品生产决策行为影响因素的实证分析；国外水产养殖产品质量安全政府管理经验分析及其启示。由于水产养殖业区域性较强和数据的可获得性，本研究选择上海市郊区养殖户为具体的调查对象。

1.2.2 研究意义

自从"三鹿奶粉"事件②之后，包括水产品质量安全问题在内的食品安全已经引起了政府、生产者、消费者和有关媒体的高度重视和密切关注。当前我国

---

① 郭严军. 2006 年水产品质量安全事件简析及防范措施. 河南水产, 2007（1）：43 – 44.
② 即指"三鹿牌婴幼儿配方奶粉"事故。这是一起因三鹿牌部分批次奶粉中含有三聚氰胺，导致一些婴幼儿食用后患上"肾结石"病症的重大食品安全事件。

频繁爆发的水产品质量安全问题主要集中在使用违禁药物、药物残留超标和重金属残留超标等几个方面。从产业链环节的角度看，水产养殖不仅是水产品生产供应链中最容易出现质量安全的环节，而且作为产业链源头还影响着加工、运输、销售等后续所有环节的质量安全水平。水产品质量安全的源头是养殖环节，这也是水产品质量安全问题最容易发生的阶段，因此研究水产养殖环节质量安全问题发生的机理，如何确保水产养殖产品安全生产，对于水产养殖业健康可持续发展具有重要的意义。

食品安全研究在农业经济领域一直占据非常重要的理论地位，用相关的理论知识，结合水产品的属性，研究水产品质量安全问题是对食品安全问题研究的补充，从经济学和管理学的角度研究水产养殖产品质量安全具有重要的理论意义。从微观层次上明确水产品养殖环节质量安全问题的主要原因，对水产养殖主体行为做实证研究，为政府制定政策提供依据。

养殖业者在水产养殖产品的整个产业链中不仅在生产过程中是生产者角色，还充当产前环节的决策者和产后环节的供给者角色。一方面，在产前的投入品中，渔药、化肥等渔用化学品，鱼苗、饲料等渔业生产资料，虽然由生产资料的供应商提供，但是这些渔用投入品的选择由相关生产者做出，并在产中环节投入使用，从而决定了产品的质量；另一方面，产后环节的分级、包装、加工、运输、销售会对水产品安全构成一定的威胁，但其原料来源于生产者的供给，其质量安全仍主要由生产者提供的水产品决定，可见水产品的生产者对水产品质量安全起决定性作用。因此，从生产者行为角度研究水产品质量安全有重要的理论意义。

水产养殖业，为解决城乡人民吃鱼难问题，为解决农村劳力就业问题，为解决农民增收问题，以及为国家的粮食安全均做出了巨大的贡献。我国水产养殖业的自然资源条件具有比较优势，表现为养殖水域广阔且潜力大，养殖种类丰富且具有特色，气候条件优越，有利于水产养殖生物生长发育。水产养殖业的发展，对改善人民饮食结构与提高人类健康水平，推动我国的科技进步、经济繁荣与社会发展都具有重大的作用。我国城镇和农村居民大多数是水产养殖产品的消费者，水产品的质量安全性是当前乃至以后相当长时期内亟须解决的重要问题之一，加强对水产品质量安全问题的研究具有重要的实践意义。

因此，从养殖户生产环节角度研究质量安全问题发生机理，并对现有我国水产养殖政府规制措施进行分析，把养殖户和政府规制结合起来，从经济学的角度研究水产养殖产品质量安全政府规制对养殖户的影响具有重要的理论和实践意义。

1.2.3　研究目的

本研究选择从生产者行为的角度入手，探讨水产养殖产品质量安全问题的发生机理，目的在于探索解决当前我国水产养殖产品质量安全的主要问题，提高我国水产养殖业的可持续发展，增强我国水产养殖业的国际竞争力，同时为相关决策主体提供借鉴和依据。具体研究目的如下。

第一，识别现阶段我国水产养殖产品质量安全问题现状和产生的原因，识别我国政府规制对养殖户影响现状。

第二，实证分析水产养殖产品质量安全政府规制对养殖户经济效益的影响。

第三，实证分析养殖户无公害认证水产养殖产品生产决策行为的影响因素。

第四，提出提高我国水产养殖产品质量安全的政策建议。

1.3　研究方法和数据来源

1.3.1　研究方法

本研究以政府规制理论和农（养殖）户行为理论为基础，主要运用规范分析和实证分析相结合的方法，定性和定量相结合的方法，归纳和演绎相结合的方法。在文献评述和理论基础部分以文献检索法为主，并对相关文献和理论进行归纳和总结；在对水产养殖产品质量安全、政府规制对养殖户的影响进行理论分析基础上，对养殖户无公害认证水产品生产决策行为影响因素和我国水产养殖产品质量安全、政府规制对养殖户经济效益影响进行实证分析。在这两部分实证分析中用到了多种统计分析方法，在具体分析时综合运用了计量经济分析方法；本研究在对我国水产养殖产品质量安全问题及其政府规制现状分析时也较多地运用了比较分析、图表分析法等。为了能有效获得模型所要求的数据和信息，在问卷设计方面，考虑了模型所需要的解释变量和被解释变量的数据要求，分别设置了相关的调查问题。本研究具体运用到的主要方法有：文献资料检索法、问卷调查法及计量经济分析方法。

文献资料检索法是所有研究必不可少的方法。目前关于农产品质量安全的研究文献很多，国外对农产品质量安全的研究比较成熟，但是以水产品质量安全为研究对象的文献较少，笔者对农产品、水产品质量安全做了文献回顾。由于国内外的文献资料很多，笔者对有关文献进行了仔细的搜索、整理和阅读。

调查问卷法是目前一般的研究中用得较多的方法，因为使用问卷调查便于对调查结果进行定性和定量分析。本研究中有关养殖户质量安全生产行为和经济效益的数据就是通过问卷调查获得的。本研究重点通过调查问卷和访谈对上海市郊区水产养殖户质量安全生产行为和政策评价进行实证研究，最后提出政策建议。

在设计问卷时，笔者和有关人员经过了反复多次的讨论，听取各方意见，设计了本研究微观数据需要的初次调查问卷，在笔者和相关人员对上海市奉贤区养殖户预调查后，对问卷中的某些问题项进行了修改，使得问卷更加符合本研究的需要，形成了最终的调查问卷。上海市郊区养殖户总数为 11700 户左右（数据来源：上海市水产技术推广站统计资料），主要分布在奉贤区、青浦区、金山区和崇明县，四个区养殖户数量占上海市养殖户总数的90%，其他各郊区养殖户的总数量占的比重较少。因此本研究选取奉贤区、青浦区、金山区、崇明县为调查区县。采取随机抽样调查的办法，从每个区县选取养殖产量较多的乡镇调查，以户为单位，总共调查了 450 个养殖户，各区调查数量按照该区养殖户数量所占的比例为依据。在养殖品种选择方面，以虾类，鱼类和蟹类为主。根据研究目标的设定，调查内容主要分为四个部分：养殖户的个人和家庭收支情况、养殖户的安全生产控制行为情况、养殖户对政府政策的评价与认知，详细调查内容见附录一《水产养殖户调查问卷》。

从现实需要出发，通过问卷调查，获取了原始数据后，采用计量经济分析法对数据资料进行分析，可以研究变量之间的相互关系，并得出相应的结论。本研究应用平均处理效应模型，采用两阶段的估计方法，计量实证分析水产养殖产品质量安全政府规制对养殖户经济效益的影响；本研究接着应用 Logit 回归分析模型，对养殖户无公害水产品生产意愿影响因素进行了实证分析。在本研究中，应用了目前使用非常普遍的社会科学统计软件 SPSS、STATA 和 GUASS，对数据进行了大量的分析和处理。

1.3.2 数据来源

（1）安全认证水产品和普通水产品养殖户的调查

养殖户的个人和家庭资料、养殖户水产品生产的经济效益、养殖户安全认证水产品生产行为的数据均来源于实地调查。这部分数据是本研究最主要的数据来源，是实证研究部分的主要材料，是构建计量经济模型的经验数据。

（2）政府相关职能部门

政府安全认证水产品管理部门是本研究数据资料的另外一个重要来源。主要是通过农业部渔业局下属的水产品质量安全中心，各地海洋与渔业局，上海市农委水产办、水产技术推广站等部门网站、文件及其出版的统计年报获得二手数据。如果没有特殊的说明，水产养殖产量、水产品进出口等相关数据主要来源于 FAO、历年《中国渔业统计年鉴》、《中国水产品进出口贸易统计年鉴》和《中国统计年鉴》。

（3）历年的期刊、杂志和论文

通过查阅相关杂志、中国期刊网的论文获得二手资料数据。

1.4 内容框架和技术路线

1.4.1 内容框架

本研究内容共分 8 章，具体安排如下。

第1章，绪论。首先介绍研究背景，从中引申出有待研究的主要问题，说明研究的意义所在；其次设定具体的研究目标，并针对每一个研究目标仔细选择研究方法，确定本研究的重点和难点；最后拟定研究方案和技术路线。

第2章，文献综述和理论基础。水产品质量安全问题是一个涉及范围广泛的理论和实践问题，本章根据对国内外食品和水产品质量安全等方面文献的综述，梳理出本研究的研究视角，确定本研究的重点。在这一基础上，确立以政府规制理论和农（养殖）户行为理论作为本研究的理论基础。

第3章，我国水产养殖产品质量安全问题与政府规制现状分析。在具体分析生产者水产养殖产品的质量安全行为之前，有必要对我国水产养殖产品生产现状，及其对应的质量安全现状做深入分析，分析我国水产养殖产品质量安全政府规制现状，政府规制对养殖户影响现状如何，这是本研究分析问题的第一部分。

第4章，水产品质量安全政府规制对养殖户影响的理论分析。基于博弈论和信息经济学的理论，分析水产品质量安全政府规制对养殖户的影响。水产品质量安全市场上存在信息不对称，从而产生道德风险和逆向选择问题，分别建立相应的理论模型进行理论分析。基于静态博弈理论，对养殖户和政府规制之间的互动博弈，进行了理论分析。本章是从理论角度进行阐述，具有承上启下的作用。

第5章，养殖户无公害认证水产品生产决策行为影响因素的实证分析。设计调查问卷，对养殖户质量安全认知和生产行为进行统计分析，建立相关计量经济模型，利用获得数据计量实证分析政府规制对养殖户无公害认证水产品生产决策行为的影响，得出相关政策含义，这是本研究分析问题的第二部分。

第6章，水产养殖产品质量安全政府政策对养殖户经济效益影响的实证分析。对我国近几年水产品质量安全政策进行详细分析，调查问卷设计，收集第一手数据和资料，分析养殖户的经济效益，建立计量模型，实证分析水产养殖产品质量安全政策对养殖户的经济效益影响，这是本研究分析问题的第三部分。

第7章，国外水产养殖产品质量安全政府规制经验分析及启示。主要分析欧盟、挪威、日本等相关国家和地区对水产养殖产品质量安全管理经验，总结出有利于我国水产养殖产品质量安全管理经验。

第8章，政策建议和研究展望。

本研究的中心问题是水产养殖产品质量安全政府规制对养殖户的影响，从养殖户行为和政府规制入手研究水产养殖产品质量安全问题。关键的研究问题是：①我国水产养殖产品质量安全问题与政府规制现状分析；②养殖户无公害认证水产品生产决策行为影响因素的实证分析；③我国水产养殖产品质量安全政府规制对养殖户经济效益影响的实证分析；④提高我国水产养殖产品质量安全的政策建议。

1.4.2　技术路线

本研究的技术路线如图1－3所示。

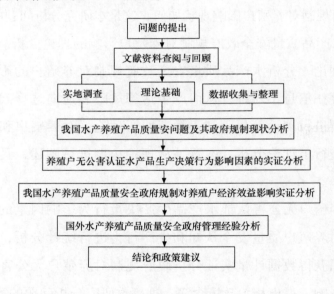

图1－3　技术路线

1.5　几个基本概念的界定

1.5.1　农产品、水产品与水产养殖产品

《中华人民共和国食品卫生法》第五十四条规定的"食品"是指"各种供人食用或者饮用的成品和原料以及按照传统既是食品又是药品的物品，但是不

包括以医疗为目的的药品。"食品是人类生存和发展的最基本物质。《农产品质量安全法》（第二条）中对农产品的定义，即认为农产品是指来源于农业的初级产品，即在农业活动中获得的植物、动物、微生物及其产品，包括食用和非食用两个方面。在农产品（包括水产品）质量管理方面，大家常说的农产品，多指食用农产品。水产品主要包括海水和淡水脊椎动物、软体及甲壳类动物和其他水产生物，以及这些生物的冷冻品和产品。在交易市场上，水产品的范围较大，大致有鲜活水产品、冷冻水产品和加工水产品。水产养殖产品是指在从养殖水生动物、水生植物的渔业生产活动中获得的水生动植物产品。本研究的范畴是人工养殖的水产品，即水产养殖产品。

1.5.2　农产品质量安全与水产品质量安全

根据 WHO 的解释，"食品安全"是指：食品中不应含有可能损害或威胁人体健康的有毒、有害物质或因素，从而导致消费者急性或慢性毒害、感染疾病，或产生危及消费者及其后代健康的隐患①。食品安全是保护人类生命健康，提高人类生活质量的基础。农产品质量安全的概念在不同的学科有不同的表述。从卫生的角度表述为，农产品中不含有导致消费者急性或慢性毒害或疾病感染的因素，或不含有产生危及消费者及其后代健康隐患的有毒有害因素。从管理的角度表述为，农产品的种植、养殖、加工、包装、储藏、运输、销售、消费等活动符合国家强制性标准和要求，不存在损害或威胁消费者及其后代健康的有毒有害物质。水产品质量安全是指水产品中不含有可能损害或者威胁人体健康的有毒、有害物质或因素，从而导致消费者急性或慢性毒害或感染疾病、或产生危及消费者及其后代健康的隐患。

1.5.3　安全水产品

根据我国当前的界定，安全食品可以分为无公害食品、绿色食品和有机食品。安全农产品包括无公害农产品、绿色农产品和有机农产品，分别都有相应

---

① 彭亚拉，庞萌. 美国食品安全体系状况及其对我国的启示. 食品与发酵工业，2005（1）：92 - 95.

的公共标志，无公害农产品标志如图 1 - 4 所示。相应的安全水产品也可以分为无公害水产品、绿色水产品和有机水产品。

图 1 - 4 　"无公害农产品"的标志

第一，无公害水产品（Safety Aquatic Products）。农业部和国家质检总局联合发布的《无公害农产品管理办法》中对无公害农产品做了明确定义，该定义完全适用无公害水产品的定义。无公害水产品是指产地环境、生产过程和产品质量都符合国家有关规范和标准的要求，经认证合格而获得认证证书并有无公害食品标志的未经加工及其初步加工的食用水产品。

第二，绿色水产品（Green Aquatic Products）。绿色食品是遵循可持续发展原则，按照特定生产方式生产，经专门机构认定，许可使用绿色食品标志商标的无污染的安全、优质、营养类食品。绿色水产品指的是经专门机构认定，许可使用绿色食品标志的无污染、安全优质的营养水产品①。绿色水产品具有出自良好渔业生态环境、实行"从水体到餐桌"全程质量控制、具有高价值、高附加值和绿色水产品标志受到法律保护等特点。如图 1 - 5 所示。

图 1 - 5 　"绿色水产品"标志

①　陈都前，陈蓝荪. 我国绿色水产品发展思考. 齐鲁渔业，2005，22（1）：36 - 39.

第三，有机水产品（Organic Food and Organic Aquatic Products）。有机食品指来自有机农业生产体系，根据有机农业生产要求和相应标准生产加工，并且通过合法的有机食品认证机构认证的农副产品及其加工品[1]。有机水产品是指来自于有机水产生产体系，根据有机水产品标准生产、加工，经独立机构认证的水产品及其加工品[2]。如图1-6所示。

图1-6 "有机水产品"标志

---

[1] 高振宁. 发展中的有机食品和有机农业. 环境保护，2002（5）：29-32.
[2] 姜朝军. 安全水产品及其认证. 渔业科技产业，2004（3）：27-30.

2 文献综述和理论基础

2.1 水产品质量安全相关文献综述

目前，对食品安全和质量安全问题产生的原因，国内外都进行了比较多的研究，但是研究水产品质量安全的文献不是很多。已有研究中，有关食品安全和水产品质量安全主要从以下几个方面进行：食品安全问题发生的理论和现实原因；食品安全中的生产者行为分析；食品安全中的消费者行为分析；食品质量安全政府规制等。基于对本研究主题的考虑，本节主要从水产品质量安全问题产生的理论与现实原因研究、水产品质量安全的生产者行为决策和水产品质量安全政府规制三个方面展开文献综述。

2.1.1 水产品质量安全问题产生的理论与现实原因研究

在食品质量安全问题的理论原因研究方面，主要是基于 Akerlof（1970）提出的柠檬市场理论[①]。在讨论引起食品安全市场失灵的原因之前，有必要了解食品的质量安全属性。Nelson（1970）[②]，Darby 和 Karni（1973）[③] 等学者依据消费者获得商品信息的途径和真实程度首次将商品分为三类：搜寻品（search goods）、体验品（experience goods）和信用品（credence goods）。搜寻品特性是指食品在购买前就能被消费者掌握的特性；体验品特性是指食品在购买后消费

---

① Akerlof G. A "The Market for Lemons：Quality，Uncertainty and the Market Mechanism". Quarterly Journal of Economics，1970（84）：448 – 500.

② Nelson P. Information and Consumer Behavior. Journal of Political Economy，1970（78）：311 – 329.

③ Darby M. R.，Karni E.，"Free competition and the optimal amount of froud"，Journal of Law and Economics，1973（16）：67 – 68.

者毫无成本地就能掌握的商品特性；信用品特性是指消费者即使购买后要判断食品特性也要付出极高的代价。水产品兼具有上述三类商品的特性，其中，水产品的信用商品特性是导致质量安全问题产生的根本特性原因。

国内有关食品质量安全理论成因的研究中，徐晓新（2002）认为，食品（包括农产品）生产和流通链条中存在的信息不对称是食品质量安全问题产生的首要原因①。耿献辉和周应恒（2002）认为由于水产品市场信息不对称，导致水产品质量安全存在严重问题②。张云华、孔祥智和罗丹（2004）基于逆向选择理论对农产品质量安全的理论成因给予了解释③。江应松、李慧明和康茹（2005）认为农产品质量安全方面存在的问题缘于外部性，外部性是农产品质量安全问题产生的根源④。王世表、张明华和宋怿（2008）分析了水产品质量安全的经济学特性，认为由于公共物品属性、认知程度和信息不对称和外部性属性导致水产品质量安全管理存在市场失灵，并在此基础上提出了能有效提高我国水产品质量安全水平的对策建议⑤。方金（2008）认为水产品质量安全性问题产生具有深刻的产业组织结构和行为理论原因，提出要加强我国渔业产业组织化程度，以确保水产品质量安全⑥。

食品质量安全问题产生的现实原因与食品自身特性有相联系的方面。国外学者对这一问题的研究已经比较普遍和深入。Unnevehr 和 Hirschhon（2000）⑦认为微生物病原体，人畜共患疾病，物理污染与自然产生的毒素，农业化学品与兽药残留，由动物到人的传染，持续性组织污染，重金属，转基因等因素都会导致食品的质量安全问题。Kinsey（2003）从供应链的角度指出，食品质量安全问题涉及食品从生产、加工到销售的整个供给链，供应链的任何一个环节的

---

① 徐晓新. 中国食品安全：问题、成因、对策. 农业经济问题，2002（10）：45-48.

② 耿献辉，周应恒. 我国水产品质量安全问题发生原因解析. 中国渔业经济，2002（6）：32-34.

③ 张云华，孔祥智，罗丹，等. 食品供给链中质量安全问题的博弈分析. 中国软科学，2004（11）：23-26.

④ 江应松，李慧明，康茹. 解决农产品质量安全问题的理论与方法初探. 现代财经：天津财经学院学报，2005（2）：48-51.

⑤ 王世表，张明华，宋怿. 我国水产品质量安全现状和经济学特性分析. 渔业经济研究，2008（5）：16-18.

⑥ 方金. 基于产业组织理论的水产品质量安全管理模式构建. 山东经济，2008（5）：49-55.

⑦ Laurian Unnevehr, Nancy. 2000. Hirschhon Food safety issues in the developing world. World Bank Technical Paper NO. 469, The world bank, Washington.

污染都会导致食品质量安全[1]。

在国内，有不少学者对农产品质量安全原因做了研究。周应恒和霍丽明（2003）从多个角度总结了食品质量安全产生的原因：从检验检疫学角度看，造成食品质量安全问题的污染有微生物污染、化学污染和放射性污染；从产业链角度看，食品污染包括原料污染、加工过程污染、包装污染、运输污染、储存污染以及销售污染；从行为主体的角度看，包括行为人在新技术推广过程中由于不当使用技术导致的质量安全，以及行为人受利益驱动违背诚信道德而导致的食品质量安全问题[2]。江希流等（2004）认为一些水产品中激素、抗生素、重金属、农药残留等污染物超标，水产品加工中的添加剂、微生物等不符合卫生标准。这些问题的产生与环境污染、法规体制、检测手段以及政府监管等多种因素有关。在研究分析的基础上，提出了控制我国水产品质量安全的相关对策[3]。战文斌等（2004）从常见病毒病、细菌病，以及寄生虫病等论述开展对药物残留毒性研究，重视专用渔药研制、加强用药指导，减少用药盲目性等工作的重要性，以提高水产品质量安全[4]。赵明军等（2008）认为近几年来我国水产养殖业发展迅猛，但是水产病害也越来越严重，水产养殖用药量越来越大，提出应加强无公害渔药技术和药品品种开发，促进水产养殖产品质量安全[5]。

2.1.2　水产品质量安全生产者行为及其产业化发展研究

食品安全的生产者行为是近年来国外食品安全领域研究的热点。国外对食品安全生产者行为的研究主要针对企业质量安全行为，针对食品生产企业实施安全生产的成本以及企业对规制的反应进行研究。Loader 和 Hobbs（1999）证明有三方面的原因来激励企业采取措施提高食品安全性：①市场力量；②食品安

　　① Kinsey J. Will food safety jeopardize food security？［C］. IAAE. Proceedings of the 25th International Conference of Agricultural Economists（IAAE）Durban（South Africa），2003（8）：16－22.
　　② 周应恒，霍丽明. 食品安全经济学导入及其研究动态. 现代经济探讨，2004（8）：25－27.
　　③ 江希流，华小梅，朱益玲. 中国水产品的生产状况、质量和安全问题及其控制对策. 农村生态环境，2004，20（2）：77－80.
　　④ 站文斌，刘洪明，王越. 水产养殖病害及其药物控制与水产养殖产品安全. 中国海洋大学学报（自然科学版），2004，34（5）：758－760.
　　⑤ 赵明军，黄志斌. 无公害鱼药研发面临的问题和急需研究的课题. 中国渔业经济，2008（1）：52－60.

全法和法规；③产品责任法①。Antler（2000）结合成本函数模型与计量模型对美国牛肉、猪肉和肉鸡屠宰加工厂的产出、质量控制相关联的成本进行了估算，在假定市场是竞争性市场结构的前提下，得出产品成本与产品质量的提高成正比及苛刻食品质量安全管制将导致较高的产品成本②。Stabird（2000）认为，食品供应者受市场驱动和食品安全规制来实施食品安全管理。发达国家的食品质量安全管理已经由结果管理进入到食品生产过程管理的新阶段③。国外关于农户质量安全生产行为主要集中在农场主安全生产决策的影响因素分析。Just 和 Zilberman（1983）研究认为，农场主对风险的态度、生产所采用的新技术、农场规模以及农场结构影响农产品的质量安全水平④。Kimhi（2000）通过调查研究发现，农场主的年龄、是否有继承者，影响他改进农产品质量的决策⑤。国外关于食品质量安全生产者行为研究，大多以加工企业和农场主为研究对象，他们的研究框架不适合对我国以家庭为单位组织生产的小农户进行分析，其成果在我国的适用性也有待进一步验证。

国内对食品质量安全生产者行为研究起步较晚，对农产品和水产品质量安全生产者行为研究较少。国内学者（任熹真等，2002⑥；杨万江，2006）对我国不同地区绿色食品生产，农户和生产企业的成本和收益进行了调查。研究结果表明无公害农产品生产投入更大，成本结构发生改变，比较收益率大于成本溢出率，生产经济效益更高，但也存在优质不优价等问题；同时研究还指出要实现其生产绿色食品的经济效益，单靠农户和企业独立完成是不现实的，必须改变现有生产模式，实现龙头企业和农户结成一体化组织是实现生产绿色食品微观农户、企业经济效益和国家宏观经济效益统一的有效途径。原泉（2003）认

---

① Loader R. , J. E. Hobbs. Strategic Responses to Food Safety Legislation. Food Policy, 1999 (24): 685 – 706.

② Antler J. M. No Such Thing as a Free safe Lunch: the Cost of Food Safety Regulation in the Meat Dustry, American Journal: of Agricultural Economics, 2000, 82 (5): 1206 – 1212.

③ Starbird S. A. Designing Food Safety Regulations: The Effect of Inspection Policy and Penalties for Non – Compliance on Food Processor Behavior, Journal of Agricultural and Resource Economics, 2000, 25 (2): 615 – 635.

④ Just R. E. , Zilberman, D. Stochastic Structure, Farm Size and Technology Adoption in Developing Agriculture. Oxford Economic Papers, 1983 (35): 307 – 328.

⑤ Kimhi A. Is Part – time Farming Really a Step in the Way Out of Agriculture? American Journal of Agricultural Economics, 2000, 82 (1): 38 – 48.

⑥ 任熹真，朱加凤，王文昭. 开发绿色食品的个案经济效益分析. 哈尔滨工业大学学报（社会科学版），2002, 4 (2): 44 – 48.

为应通过渔业产业化，特别是其中的产业内纵向联系、养殖户组织化和公共服务体系完善等，为水产品质量安全的产业组织变迁提供现实载体①。山世英（2004）从组织形式的角度分析，认为我国水产养殖规模小、渔民素质和组织化程度不高、水产品出口企业与水产养殖户联结不紧密是水产品质量安全标准难以实施和控制的原因，建议改革现有的渔业生产模式②。宋祖德（2007）通过比较各种质量控制机制和模式后发现，"养殖户—中介组织—企业"的半紧密型利益联结模式是我国现阶段水产养殖产品质量控制较为现实和可行的模式，应加以推广，以发挥养殖业中介组织的作用，提高我国水产养殖产品质量③。王世表等（2009）利用广东省水产养殖企业安全生产行为的问卷调查数据，对水产养殖企业的质量安全认知水平、控制意向和控制行为进行了统计实证分析，最后提出了有针对性的政策建议④。

　　国内有关农户质量安全行为的研究主要集中在农户行为决策的影响因素方面，许多学者认为农户的生产决策会受到多种因素的影响。刘承芳、张林秀和樊胜根（2002）运用 Heckman 和 Tobit 模型对农户生产性投资行为影响因素进行了研究。结果表明：农户的非农就业比例、借贷的可获得性、土地规模以及农业基础设施等都是影响农户投资的主要因素⑤。张云华（2004）以山西等县（市）353 个农户的调查数据为依据，对农户采用无公害及其绿色农药行为的影响因素进行了计量实证研究。结果表明：在使用农药的农户中近一半的农户仍然使用高毒农药⑥。卫龙宝和卢光明（2004）调查了浙江省部分农业专业合作组织对农产品质量的控制方式，认为农业合作组织对农产品质量的控制和提高有很大的影响，即组织的存在会改善单个生产者的质量安全行为。周洁红（2006）应用浙江省 396 个蔬菜种植农户的调查数据，对影响菜农蔬菜质量安全控制行

　　① 原泉. 生产加工环节中食品质量安全的产业组织研究. 浙江大学，中国知网优秀硕士学位论文全文数据库.
　　② 山世英. 中国水产品产业的国际地位及对外开放态势评析. 农业经济问题，2004（7）：8－11.
　　③ 宋祖德. 基于产业内纵向联系的养殖品水产质量控制分析. 中国渔业经济，2007（3）：66－68.
　　④ 王世表，阎彩萍，李平，等. 水产养殖企业安全生产行为的实证分析——以广东省为例. 农业经济问题，2009（3）：21－27.
　　⑤ 刘承芳，张林秀，樊胜根. 农户农业生产性投资影响因素研究——对江苏省六个县市的实证分析. 中国农村观察，2002（4）：34－42.
　　⑥ 张云华，马九杰，孔祥智，等. 农户采用无公害和绿色农药行为的影响因素分析——对山西、陕西和山东15 县（市）的实证分析. 中国农村经济，2004（1）：41－49.

为的因素进行了分析。研究结果表明：农户期望的内在报酬和外在收益对农户行为影响显著[①]。杨万江（2006）调查了浙江省无公害农产品生产基地农户的生产意愿，考察了无公害农产品基地农户的生产行为。结果表明：农户的安全农产品生产经济比较收益率是影响农户安全行为的主要原因之一；基地农户相对于分散经营的农户更倾向于供给安全农产品。李响等（2007）基于生产者行为理论和有限理性假设，通过对四川省资中市和蓬溪县生猪养殖户的问卷调查，最后提出了相应的对策和建议[②]。周峰和徐翔（2007）以江苏省331个无公害农产品生产者的调查数据为依据进行了分析。计量分析结果表明：政府规制是影响无公害农产品生产者道德风险行为的主要因素[③]。赵建欣和张忠根（2007）在对河北和山东农户调研数据的基础上，运用 Logit 模型的实证分析表明：农户对安全蔬菜的态度和农户的年龄对农户安全蔬菜供给决策有着显著的影响[④]。但是鲜有学者对水产养殖户的生产行为决策进行理论与实证研究。

2.1.3 水产品质量安全消费者行为研究

国外对食品质量安全消费者行为的研究主要从消费者对食品安全的认知、消费者对食品安全的支付意愿和信息对消费者认知和购买行为的影响三个方面展开。发达国家许多学者以肉、蛋、大豆等为研究对象，分析了不同人口特征指标下人们对安全食品消费需求的支付意愿及其消费行为。Gao（1993）运用潜在结构变量法和因素分析法模拟消费者对橙汁的认知，结果表明受教育程度、年龄、性别、种族、家庭规模、城市化等是决定消费者对橙汁认知的重要因素。Eom（1994）认为，风险食品的购买决定是消费者面临约束条件下为达到预期的效用最大化做出的离散选择。在信息不完全的情况下，消费者的食品安全偏好主要受价格和能够观测和理解的风险信息的影响，而不是受提供的科学技术评

---

① 周洁红. 农户蔬菜质量安全控制行为及其影响因素分析——基于浙江省396户菜农的实证分析. 中国农村经济, 2006（11）: 25-34.

② 李响, 傅新红, 吴秀敏. 安全产品供给意愿的影响因素分析——以四川省资中市和蓬溪县134户生猪养殖户为例的实证分析. 农村经济, 2007（8）: 18-21.

③ 周峰, 徐翔. 政府规制下无公害农产品生产者的道德风险行为分析——基于江苏省农户的调查. 南京农业大学学报（社会科学版）, 2007（4）: 25-31.

④ 赵建欣, 张忠根. 农户安全农产品生产决策影响因素分析. 统计研究, 2007（11）: 90-92.

估信息的影响。Buzby 等（1995）发现，消费者愿意支付更高的价格来提高食品的安全性以弥补可能遭受的危害。Thompson 等（1998）利用商店里关于表面缺陷、产品价格、消费者收入和人口统计特征，通过两个等同轨迹模型分析消费者如何选择有机产品和传统产品的问题，结果发现，对购买商品的选择会对购买有机产品产生重大的影响。Fu（1999）等发现，决定购买意愿的最显著因素是被调查者的健康状况以及对产品价格和质量的满意程度。

国内对食品安全消费者行为的研究发展较快，主要方法是设计相关调查问卷，统计分析，计量实证研究等。尚杰、于法稳（2002）认为，消费者的认知和接受程度已成为目前国内开拓安全食品市场的最大障碍，由此提出要优化绿色食品的营销环境，针对不同的消费群体选择不同的营销策略等措施。王志刚（2003）以绿色食品和转基因食品为对象，对天津市 289 名个体消费者进行了抽样调查，利用横断面统计分析按时间顺序的个体消费者食品安全选择的过程和特征，并用食品安全消费者行为决定模型对食品安全选择实现的内在机制进行了计量分析。钟甫宁等（2004）以转基因食品为研究对象，通过调查数据获得第一手资料，计量实证研究表明：消费者对转基因食品的认知程度较低。周应恒等（2006）以江苏省城市消费者为调查对象，采用假象价值评估法，分析了消费者对食品安全的支付意愿及其影响因素。

2.1.4　水产品质量安全与水产品国际贸易

在经济全球化的背景下，各国制定的各种管理水产品的标准和规则必须在有关国际协议的约束之下确保水产养殖产品质量安全，有利于水产品国际贸易能够顺利实现。Lahsen Ababouch（2006）、P. B. Johnsen（2007）、Melba G. Bondad－Reantaso、Rohana P（2008）四位学者从不同角度谈到在国际水产品市场上，水产养殖产品质量安全的重要性。在国内学者中，乔娟（2002）的研究表明，作为经验食品的肉类产品，在没有外力干预的市场机制作用下，生产经营者可能会利用消费者和生产经营者之间的信息不对称非法牟利，坑害消费者。生产经营者的这种行为不仅会损害整个产业在公众心目中的形象，也将削弱本国该产业的国际竞争力。陈俊玉和何建顺（2002）认为水产品药物残留问题日益加重，其不仅可以对人体健康造成潜在危害，而且还影响着水产品进出口贸易，成为出口贸易的瓶颈，因此加强水产品药物残留监管，提高质量安全水平已是刻不容缓。翁鸣（2003）认为，提高我国农产品竞争力的一个非常重要的方面，就是要注重提高农产品质量，将我国农产品已有的比较优势充分地转化为竞争优势。邵征翌，林洪等（2006）提出要加强水产品质量安全，利用第三方认证，促进我国水产品出口贸易的竞争力。刘景景（2007）在其硕士论文中认为尽管政府已对水产品质量安全问题非常重视，但出口水产品的质量安全事件却频频发生，导致我国水产品出口受阻。并着重从政府规制理论的角度，提出应该对我国水产品出口加强政府规制。艾红（2008）概述了我国对虾出口三大消费市场的贸易壁垒，我国对虾出口遭遇的主要贸易壁垒及其对对虾产业的影响，并针对出口企业存在的问题，提出要完善对虾质量体系，要从源头上控制和保证对虾出口产品的质量，建立对虾苗种市场准入制度，建立有效的防疫机制，推广无公害养殖。杜永雄（2009）认为我国水产品质量安全的实现是渔业增长新方式，论述了我国水产品出口主要的认证标准，提出了加强水产品出口认证的相关建议。

2.1.5 水产品质量安全政府规制研究

国外关于食品质量安全政府规制的研究主要包括以下几个方面：政府食品安全管理规制政策的效率与绩效、食品安全管理规制对企业成本的影响以及企业对规制的反应研究等。主要涉及的方法有企业执行规制后市场份额、收益率和增加的内部成本比较、对 HACCP 的成本收益评估等。为了更好地发挥食品安全政策效能，发达国家开始对安全管理规制进行成本效率的分析研究，美国农业部成立了规制评估和成本收益分析办公室，所有 OECD 成员国的政府部门都要求使用一些科学方法对规制进行评估。美国学者 Cato（1998）在一篇题为《海洋食品安全：海洋食品灾害分析与关键控制点（HACCP）规制经济学》的渔业技术报告中，较早地对海洋食品安全的经济学问题进行了研究。水产品质量安全一直是世界各国和相关国际组织关注的焦点，FAO 为此开展多项研究报告。如 2003 年海产品质量安全管理与评估，2005 年现代分析技术应用于保障海产品安全性与可认证性①。2007 年 NEAFC（North East Atlantic Fisheries Commission，东北大西洋渔业管理委员会）专门召开关于鱼和渔产品追溯体系的会议，为可追溯体系在渔业管理中的应用出谋划策②。2008 年 "FAO 水产养殖认证指南专家研讨会" 在北京召开，重点研讨并形成《FAO 水产养殖认证指南》终稿，这对提高水产养殖产品质量安全水平起到了促进作用③。国外对水产养殖产品质量安全认证研究主要集中在 HACCP 认证的作用与成本，采用量化分析的方法。Antoniol 等（2001）设计了养殖水产品质量安全管理程序，将鱼苗、饲料、药物和养殖用水等涉及水产品质量安全的信息电子化，从而实现养殖水产品信息全程可追溯④。Maruyama 等（2002）认为 HACCP 体系有利于确保食品质量安全和恢复消费者的信任⑤。Jacques（2008）认为当前各种认证增加了企业的成本，有必要对现有的认证成本和效率做出重新评价⑥。

国内对食品安全管理政府规制的研究，主要集中在政策层面的描述及其对现有管理措施的分析上。相对于其他农产品，在水产品质量安全方面的政府规制和政策研究的文献不是很多，从现有的文献看，主要在法律法规体系、标准化体系、检测体系、认证体系和行政执法监管体系等方面展开。

在法律法规体系方面，刘俊荣（2005）介绍了欧盟 Tracefish 计划的实施状况，建议我国应尽快建立水产品可追溯体系⑦。马立军等（2005）对日本水产品质量安全卫生管理法规和技术体系做了研究综述⑧。邵桂兰等（2006）研究了挪威的先进经验，渔业管理机构的设置不按养殖、捕捞、加工划分，而是由各区

① FAO. Application of Modern Analytical Techniques to Ensure Seafood Safety and Authenticity［R］. FAO Fisheries Technical Paper, No. 445, 2005.

② NEAFC. Tracebility of Fish and Fish Products［R］. PECCOE Agenda Item11 For Information PE 2007 – 01 – 11.

③ 农业部. 联合国粮农组织正在制定统一的了《FAO 水产养殖认证指南》. http：//www. agrigov. cn/xxlb/t20080507_ 1034152htm, 2008.

④ Antoniol G, Gaprile B, Potrich A, et al. Design – code Traceability Recovery：Selecting the Basic Linkage Properties. Science of Computer Programming, 2001, 40（2 – 3）：213 – 234.

⑤ Maruyama A, Kurihara S, Matsuda T. The 1996 E. coli0157 Outbreak and the Introduction of HACCP in Japan. The Economics of HACCP：Costs and Benefits Eagan Press, St Paul, Minnesota, 2000：315 – 334.

⑥ Zuurbier JTP. Quality and Safety Standards in the Food Industry, Development and Challenges. Production Economics, 2008（113）：107 – 112.

⑦ 刘俊荣. 国际水产品市场法规新趋势：欧盟 Tracefish 计划. 水产科学, 2005（4）：42 – 43.

⑧ 马立军, 吴红光. 日本水产品质量安全卫生管理技术法规和标准现状介绍. 科学养鱼, 2005, 12（4）：6 – 7.

域办派驻的检查人员负责辖区内渔政及各类水产企业质量等事务，减少了部门间相互协调所产生的内耗；产业链各环节都严格按照法律规定操作，确保水产品从原料到成品的质量安全①。张明等（2007）解析了欧盟水产品新安全卫生法规，认为欧盟水产品新安全法规为规范我国水产业生产加工提供了良好的范本②。刘锡胤等（2008）研究指出我国水产养殖存在执法主体不明确，执法队伍力量薄弱，执法水平有限，水产养殖法律法规体系尚不完善等问题③。

在水产品质量安全行政监督管理体制方面，李颖洁（2002）在其硕士论文中认为水产品质量安全问题已成为制约和影响渔业可持续发展的一个重要因素。并分析了水产品出口贸易竞争力，提出加强水产品质量安全管理势在必行，从政府管理、监督检测体系、水产品质量标准体系、养殖投入品管理、无公害水产品示范区、引进先进工业六个途径加强我国水产品质量安全管理④。黄家庆（2003）对我国水产质量安全管理的现状进行了详细分析，认为应该从法律、技术和行政三个保障体系来解决水产品质量安全问题⑤。李天（2007）在对我国水产品质量安全问题进行了分类后，提出了相应的综合治理措施⑥。刘景景（2007）在其硕士论文中认为尽管政府已对水产品质量安全问题非常重视，但出口水产品的质量安全事件却频频发生，导致我国水产品出口受阻。并着重从政府规制理论的角度，提出应该对我国水产品出口加强政府管理。邵征翌（2007）在其博士论文中，对水产品质量安全管理的历史进行了简要的回顾，并对 GMP、HACCP 和风险分析等食品安全管理理论方法进行了描述，同时指出政府在食品链管理中的重要作用，并提出从池塘到餐桌全程管理解决水产品质量安全的战略选择。李可心、朱泽闻（2008）认为水产品质量安全问题是关系渔业产业发展的关键问题，应加强机制建设，渔业管理部门要加强科技创新和服务机制、

---

① 邵桂兰，刘景景，邵兴东. 透过挪威经验看我国水产品质量安全管理体系与政府规制. 中国渔业经济，2006（5）：17－20.

② 张明，管恩平. 欧盟水产品新安全卫生法规及我国应对措施. 中国食品卫生杂志，2007（5）：426－428.

③ 刘锡胤，于文松，丛日祥. 水产养殖执法面临的主要问题及相应对策. 现代渔业信息，2008（2）：20－22.

④ 李颖洁. 加强水产品质量安全管理，提高水产品国际竞争力研究. 硕士学位论文. 中国知网论文库，对外经济贸易大学，2002.

⑤ 黄家庆. 我国水产品质量安全管理的现状、问题及对策. 中国水产，2003（7）：37－38.

⑥ 李天. 水产品质量安全的主要问题及其类别. 中国渔业经济，2007（6）：50－51.

疫情监测预报及应急反应机制、质量安全检测监管及认证机构、养殖业安全联合执法四个方面的机制建设[①]。孙志敏（2008）通过对水产品质量管理理论与国外管理实践进行分析研究，结合我国国情和渔业发展现状，提出应创新管理模式，构建统一协调、分工明确的食品（含水产品）管理机构——国家食品安全委员会；应建立健全水产品质量管理法律保障体系、质量标准体系、检验监测体系、认证认可体系、科技支撑体系、信息交流体系和安全预警体系；应强化水产品质量安全管理手段，建立和完善市场准入制度。刘新山、高媛媛（2009）对我国相应水产养殖产品行政监管问题进行了详细分析，最后提出了加强行政监管的具体措施。

在标准化体系研究方面，徐君（2003）提出应加强渔业标准化建设，提高我国水产品质量安全[②]。康俊生（2005）将我国与欧盟水产品安全卫生标准对比分析，指出欧盟的部分标准比我国严格，结构较我国也更加科学合理，呼吁我国水产品标准体系与国际接轨[③]。柳富荣（2008）认为水产品质量安全体系的建设必须加快标准的修订工作，需要抓好生产投入品、养殖技术规程、产品质量安全检测方法、渔业水域环境等标准化的修订，通过标准修订和强制执行，以确保水产品质量安全[④]。

在检测体系研究方面，赵卫忠等（2003）认为对水产品质量安全检验检测体系建设的重要性、必要性认识不深不统一[⑤]。樊红平等（2008）对中美农产品质量安全检验检测体系进行比较分析，认为我国农产品检验检测体系与美国还存在很大距离[⑥]。穆迎春等（2008）对比分析国内外水产品质量安全检验检测体系，建议通过完善法规、标准体系、研发检测技术和加大经费投入等来支持水产品检验检测体系建设[⑦]。

①　李可心，朱泽闻. 机制建设与水产品质量安全管理. 中国渔业经济，2008（4）：31 - 34.

②　徐君. 加强渔业标准化建设，提高水产品质量安全水平. 农业质量标准，2003（2）：12 - 13.

③　康俊生. 我国与欧盟水产品安全卫生标准对比分析研究. 农业质量标准，2005（2）：44 - 48.

④　柳富荣. 浅议水产品质量安全体系建设. 渔业致富指南，2008（19）：17 - 19.

⑤　赵卫忠，张海松. 水产品质量安全及检测体系建设中的问题与思考. 海洋渔业，2003（3）：123 - 125.

⑥　樊红平，王敏，王芳，等. 中美农产品质量安全检验检测体系比较研究. 家畜生态学报，2008（6）：1 - 5.

⑦　穆迎春，宋怿，马兵. 国内外水产品质量安全检验检测体系现状分析与对策研究. 中国水产，2008（8）：19 - 21.

在认证体系研究方面，潘黔生、方之平（2003）分析了水产养殖生产过程中可能发生的危害，并对 HACCP 食品安全预防体系在水产养殖中的具体应用做了阐述，认为根据池塘养殖（包括集约化养殖）的生产过程，关键控制点是很重要的[①]。单吉堃（2004）认为认证制度可以对农户产生很好的激励作用[②]。王晓霞（2006）强调农产品认证制度和标准化有助于改善农产品的质量安全[③]。邵征翌、林洪等（2006）提出要加强水产品质量安全，利用第三方认证，促进我国水产品出口贸易的竞争力[④]。张利国（2006）认为我国农产品认证存在的问题是：认证体系不完整；机构繁多，各自为政；专业技术和人才不足，认知结果缺乏权威性；认证知识普及程度差[⑤]。宋怿（2007）分析了我国水产养殖认证特点，对存在问题提出建议，并介绍了与国际接轨的 ChinaGAP 认证和 ACC 认证在我国的实施情况[⑥]。虞鹏程等（2007）在网箱养殖斑点叉尾鮰中应用 HACCP 体系，将网箱选址、鱼种来源、水质检测、饲料供应作为危害分析及关键控制点[⑦]。艾红（2008）概述了我国对虾出口三大消费市场的贸易壁垒，我国对虾出口遭遇的主要贸易壁垒及其对对虾产业的影响，并针对出口企业存在的问题，提出要完善对虾质量体系，要从源头上控制和保证对虾出口产品的质量，建立对虾苗种市场准入制度，建立有效的防疫机制，推广无公害养殖[⑧]。Fan H，Ye Z，Zhao W. 等（2009）通过调查中国四个城市的水产品质量安全认证状况，认为发展中国家水产品质量安全认证最主要的障碍是缺乏市场承认[⑨]。杜永雄（2009）认为我国水产品质量安全的实现是渔业增长新方式，论述了我国水产品出口主要的认证标准，提出加强水产品出口认证的相关建议[⑩]。

---

① 潘黔生，方之平. HACCP 食品安全预防体系及其在水产养殖中的应用. 淡水渔业，2003（5）：7 - 11.

② 单吉堃. 认证制度的构建与有机农业发展. 学习与探索，2004（4）：81 - 86.

③ 王晓霞. 农产品认证制度的经济分析. 农业标准化，2006（4）：15 - 17.

④ 邵征翌，林洪，孙志敏. 利用第三方认证提高水产养殖产品竞争力. 中国渔业经济，2006（5）：52 - 54.

⑤ 张利国. 我国农产品认证存在问题及其对策. 生产力研究，2006（12）：43 - 44.

⑥ 宋怿. 我国水产养殖领域质量安全认证. 中国科技成果，2007（24）：17 - 19.

⑦ 虞鹏程，简少卿，袁敏义. HACCP 体系在斑点叉尾鮰人工繁殖中的应用. 淡水渔业，2007（4）：72 - 75.

⑧ 艾红. 我国对虾出口遭遇的主要贸易壁垒及其应对措施. 中国渔业经济，2008（1）：66 - 68.

⑨ Fan H，Ye Z，Zhao W. Agriculture and Food Quality and Safety Certification Agencies in Four Chinese Cties. Food Control，2009（20）：627 - 630.

⑩ 杜永雄. 浅谈我国水产品出口认证体系发展趋势. 中国渔业经济，2009（2）：29 - 32.

2.1.6　文献简要评述

从以上文献综述可以看出，国外发达国家对食品和水产品质量安全问题的理论研究和实证研究的成果非常丰富。我国经过改革开放 30 多年的努力，渔业经济发展进入了新的阶段，水产品生产能力有了很大的提高，实现了水产品由长期短缺到总量平衡、丰年有余的历史转变。与此同时，研究者的视野也逐渐转向水产品质量安全管理问题，亦取得了一些进展。但是国内研究起步比较晚，研究的深度和广度也与国外存在很大差距。总的来看，关于食品和水产品质量安全问题产生的理论成因，研究者们主要运用公共经济学和产业组织相关理论进行了解释。在我国，水产品质量安全问题的主要原因是乱用、违规施用渔药引起的残留超标和不当使用饲料导致水产品品质下降，这与水产品自身的生产周期短、外部环境差、易发病虫害的特点和我国养殖户的生产方式有着密切的关系。从另一个角度讲，这与生产者个人特征、家庭特征、政府规制环境以及水产养殖业的产业发展状况也是密切相关的。

关于食品质量安全和水产品质量安全生产的研究文献相对较少，作为食品和水产品质量安全供给源头，近几年有不少学者从生产者行为角度和产业组织的角度研究水产品安全生产，这是保障水产品质量安全的源头，是近几年研究的趋势所在，因此加强对生产者质量安全相关行为研究非常重要。另外，近几年来也有不少学者提出要加强食品生产的产业纵向协作，以提高食品质量安全。国外学者目前正通过对大量的试点食品企业进行长期的跟踪调查来获得数据，以确定企业各类食品安全行动对企业效益的影响。这些都为本研究提供了思路借鉴，而我国在这方面的研究还很少。

在食品和水产品安全的政府规制研究方面，国内外学者都从本国国情出发，对本国食品安全和水产品质量安全的管理体制进行了广泛而深刻的研究。国外已经有成形的规制体系，不少国外学者通过数据收集，对政府管理食品安全进行了政策评估，建立模型，用相关数据实证评估政府食品安全的政策，这也是今后研究食品安全问题的热点和趋势。而我国研究还主要停留在宏观政策层面上，国内学者从完善立法、建立先进的标准体系、检验检测体系、协调规制机构及职能、建立认证制度等领域提出了政策建议，但都比较笼统，可操作性较差。

平均处理效应模型主要用于对某项政策、措施或决策的效果评估，在计量经济学理论和实际应用中，都有着非常重要的地位。自改革开放以来，我国出台了一系列的重要政策和措施，对这些政策措施进行系统而专业的评估，有着重大的实际意义。比如研究了农产品生产补贴对农业生产个体的具体影响、实施出口退税政策对外贸企业的影响等。但是笔者发现，还没有学者应用平均处理效应模型对农产品质量安全政府政策效果进行评估的文献。

从互联网及其他途径查阅的资料看，以水产养殖产品质量安全为研究对象的文献还不多。在水产品的生产和流通过程中，水产养殖生产者及其生产的水产品是最关键的一环，是水产养殖产品质量安全问题产生的最初源头。现有文献缺乏对生产环节的实证研究，主要表现为对养殖户生产主体的安全行为研究相对不足，而把养殖户生产行为作为水产品生产的源头，是养殖水产品质量安全的关键，对养殖户的质量安全生产行为、影响因素和认知程度进行分析显得非常有必要。对水产品质量安全政府规制缺乏比较系统的研究，也没有开展相关政策效果的评估研究。从质量安全角度出发，研究水产养殖产品质量安全政府规制对养殖户影响的文献相对较少；缺乏以水产养殖产品质量安全为对象的系统研究，也缺乏提出水产养殖产品安全生产系统的治理模式。

由于水产养殖业在我国渔业中占有重要的地位，本研究以水产养殖产品质量安全为研究的主题。本研究的思路如下：一方面是明确水产养殖产品质量安全政府管理的必要性和重要性，完善我国相关政府政策措施的制定和执行，期望对我国水产品质量安全的提高起到引导作用，并能有明显的效果；另一方面是明确对水产养殖产品质量安全生产行为的研究非常重要。长期以来，我国养殖业大多数是以分散的养殖户生产为主，研究养殖户的质量安全行为具有重要的意义。鉴于对这两个方面的考虑，本研究把政府规制与养殖户结合起来，从经济学的角度研究水产养殖产品质量安全政府规制及其对养殖户的影响，以期对我国水产养殖业可持续发展提供有利的借鉴。近年来，我国水产养殖产品质量安全政府政策的制定和实施，对养殖户的生产行为和经济效益产生重要的影响，但是我国水产养殖产品质量安全问题还是不断发生。在上述文献综述的基础上，笔者认为，由于水产养殖产品市场中存在着质量安全信息不对称而导致的市场失灵状况，水产品质量安全管理具有公共物品属性导致水产品市场失灵，市场经济本身不能解决由市场失灵造成的水产品质量安全问题，必须依靠政府规制来弥补市场自我调节下的不足。因此政府需要通过制定保障水产养殖产品质量安全的政策措施来引导、监督和管理水产养殖户的生产行为。近年来，我国政府已经制定和实施了相关政策，以保证水产养殖产品质量安全程度的提高。因此，加强对政府规制及其对养殖户的影响研究具有理论与实践意义。

2.2　理论基础构建

2.2.1　政府规制理论

（1）政府规制理论的基本内涵

政府规制理论是以市场失灵和福利经济学为基础的。该理论假定政府规制的目的是弥补市场失灵，提高资源配置效率，实现社会福利最大化。该理论认为市场本身是脆弱的，如果放任自流，就会导致低效率，而规制是政府对公共需要的反映，所以政府规制是针对私人行为的公共行政政策，是从整个社会的公共利益出发而制定的规则，目的是为了控制生产者对价格进行垄断或者对消费者滥用权力，并且假定政府可以代表公众对市场做出一定理性的计算，使这一规制过程符合帕累托最优原则。该理论认为市场失灵是政府或公共机构进行规制的主要原因之一。它主要研究在市场经济体制下政府或公共部门组织如何依据一定的法律、法规对市场微观经济行为进行干预或管理。1971 年斯蒂格勒（stigler）在《经济管制理论》中，首次尝试运用经济学的基本范畴和需求——供给的标准分析方法来分析监管的产生，开创了规制经济理论。

所谓政府规制是指具有法律地位、相对独立的政府部门，为了实现特定目标，依照法律法规对企业、个人或其他利益主体所采取的一系列行政管理和监督行为，也泛指政府在微观层面对经济的干预。政府规制也称为政府管制或者公共规制。政府规制主要方式有发放许可证、以公平报酬率为依据确定产品和服务的价格、制定产品和质量的标准。随着市场经济的发展，会有一系列新的政府规制方法出现，比如激励性政府规制手段。政府规制经济学发展到现在，只要存在市场失灵的领域，都为政府规制提供了切入点。而水产养殖产品质量安全由于其信息不对称、公共产品属性和外部性特征，从经济学的角度为水产养殖产品质量安全政府规制提供了合理的理由。

（2）水产养殖产品质量安全信息不对称性与政府规制

信息不对称是指在市场经济条件下，市场的买卖主体不可能完全占有对方的信息，这种信息不对称必定导致信息拥有方为谋取自身更大的利益而使另一方的利益受到损害。而交易对象的提供者往往比另一方掌握了更多或更充分的信息。在这种情形下处于信息优势的一方出于追逐利润最大化的目的往往使得对方处于不利地位，从而导致资源配置无法达到帕累托最优状态。农产品市场上的信息不对称主要存在于市场交易者（即农产品生产者与消费者）之间，而且这种信息不对称问题广泛而普遍地存在着。

农产品市场上关于质量安全是信息不对称的，这使得市场通常不能提供质量安全属性符合社会需要的农产品，原因在于：第一，消费者在购买之前不能判定想要购买的农产品是否安全，甚至当消费者购买农产品时，他们通常也不能识别该农产品是否会使他们染病，或者长期消费该种农产品是否会对健康产生危害[1]。第二，质量安全措施会增加生产者的成本，而信息的缺乏又会减少生产者提供质量安全农产品的动力。同样，消费者不能准确地区分生产者提供的产品是安全还是危险，也就不能对生产者加以区分而分别给予信任或责罚[2]。第三，当消费者得知某一农产品质量安全事件而不能将其归责于某一生产者时，消费者会简单地停止消费那一类农产品，从而，安全优质农产品的生产者会受到伤害，甚至退出市场，使得整个农产品市场"柠檬化"[3]。传统农产品市场上信息不对称的表现，在水产品市场上也不例外。

---

① Lobb AE, Mazzocchi M, TraillWB. Modelling Risk Perception and Trust in Food Safety Information within the Theory of Planned Behaviour. Food Quality and Preference. 2007, 18（2）: 384–395.

② 吴海华, 王志江. 食品安全问题的信息不对称分析. 消费经济, 2005, 21（2）: 69–72.

③ Martin T, Dean E, Hardy B, et al. A New Era for Food Safety Regulation in Australia. Food Control. 2003, 14（6）: 429–438.

　　传统经济学基本假设认为"经济人"拥有完全信息，同时，传统经济学一直把农产品市场视为接近于完全竞争市场。然而现实的农产品市场并不符合完全竞争的市场假设。农产品并不是同质的，特别是与食品安全相关的内在的质量信息在生产经营者与消费者之间乃至在生产经营者之间是不完备的。农产品市场更接近现实的一种状态是买者和卖者都面临农产品质量信息的不对称。

　　王秀清等（2002）认为食品质量安全属性实际上相当于搜寻品特性、经验品特性和信任品特性的综合①。食用水产品作为食品的一类，也兼有搜寻品特性、经验品特性和信任品特性，如表2-1所示。从这三个特性角度可以解释水产品质量安全信息不对称导致市场失灵，从而说明在不同的特性下是否需要政府规制。

表2-1　食品质量属性特征

特性	解释	质量安全属性	市场信息特征	政府规制
搜寻品	消费者食用之前通过外观可以了解	价值属性	信息对称	不需政府干预
经验品	消费者食用之后可以了解	包装属性，加工过程属性	信息不对称	政府有选择地干预
信任品	消费者食用之后也不能了解	食品安全属性		
营养属性	市场几乎彻底失灵			需要政府干预

　　资料来源：周应恒，等. 现代食品安全与管理. 经济管理出版社，2008。

　　关于水产养殖产品外观的搜寻品属性，其信息在生产经营者与消费者之间是对称的，当外观具有市场价值时，生产经营者有积极性主动地、尽可能地改善水产养殖产品的外观。关于水产养殖产品的经验品属性，尽管消费者与生产经营者之间具有事前的信息不对称，但水产养殖产品被消费之后，消费者基本能了解其风味。然而，关于水产养殖产品的信用品属性，在消费者和生产经营者之间则存在严重的信息不对称，比如水产养殖产品的渔药残留问题。首先消费者不能了解水产品养殖生产过程渔药、饲料等使用状况，其次除非经过专业人员的专门检测，渔药残留成分和重金属含量是看不见、摸不着，食用后也感

---

　　① 王秀清，孙云峰. 我国食品市场上的质量信号问题. 中国农村经济，2002（5）：27-32.

觉不到（渔药残留严重超标引起急性中毒情况除外），但却对消费者身体会产生慢性危害。购买时由于受成本限制，消费者不可能对水产养殖产品进行检测。因此，水产养殖产品渔药残留和重金属含量是否超标是目前我国水产养殖产品消费者与生产者之间面临的主要信息问题。

产生水产品质量安全管理中的信息不对称问题的另一个原因是水产品生产者的机会主义倾向造成的。威廉姆森认为，机会主义是不完全的或扭曲的信息揭示，尤其是有目的的误导、掩盖、迷惑或混淆，而且信息扭曲并非信息缺乏，它是有意识地提供虚假的和误导的信号，它是造成信息不对称的人为条件的原因。在水产品消费领域，虽然消费者能比较容易地从包装和标签获得水产品质量安全的信息，但是由于信息不对称的存在，有些水产品消费者在购买后才能判定其质量，有的甚至在消费者食用后才知道水产品质量安全问题的存在。很多消费者在食用有毒的水产品后住进医院就是证明。在整个水产品产业链中，渔业生产资料供给商比水产养殖户清楚生产资料的质量情况；水产养殖户比水产品加工企业了解水产品生产中渔药饲料等的使用状况；水产品加工企业比批发商和零售商了解水产品加工过程中的卫生状况；水产品批发商与零售商比消费者了解其产品在储运和销售过程中的卫生情况。因此，信息不对称不仅仅发生在水产品零售商与消费者之间，而在各个生产经营者之间也存在。水产品市场信息不对称导致水产品相关生产者、养殖户机会主义盛行，从而发生水产品质量安全问题。

（3）水产养殖产品质量安全公共产品属性与政府规制

公共产品是指那些在消费上非竞争性和受益的非排他性的物品。政府加强水产品质量安全管理，提高水产品质量安全水平必将使每一个社会成员受益。任何一个消费者购买了优质、安全的水产品，也不会影响其他消费者享受提高水产品质量安全水平带来的好处。由此可见，水产品质量安全管理明显具有公共物品属性的基本特征，即具有消费的非竞争性和收益的非排他性。水产品质量安全对一个地区或国家，甚至对整个世界都具有其公共产品属性，水产品质量安全已经关系到当前和未来渔业发展的一个重要问题。因此水产品质量安全必须由政府出面予以提供，而出于公共利益的考虑，政府乐意提供此类公共产品以维护社会稳定。

从公共经济学的角度看，渔业公共产品的特征为：①由公共部门提供；②受益的非排他性；③消费的非竞争性。常见的公共物品包括有形物品和无形服务。而水产养殖产品质量安全管理正好符合以上三个特征，涉及相关的公共产品主要包括水产养殖病害预测、水产养殖苗种供应、水产养殖技术推广，水产养殖质量安全培训、水产养殖信息服务、水产养殖相关法律政策服务、水产养殖产品质量安全宣传和教育等等，因此水产养殖产品质量安全管理具有公共物品属性。在水产养殖领域，相关公共产品属性的存在，要求政府部门必须加强规制，以保证水产养殖产品安全供给，促进水产养殖业健康可持续发展。

（4）水产养殖产品质量安全外部性与政府规制

外部性理论说明政府必须加强对水产品质量安全的管理。外部性特征是指一个人或者厂商的生产或消费行为直接影响到他人，而他人却没有为此承担应有的成本费用或没有获得应有报酬的特性。由于水产品质量安全问题的发生具有负外部性，会对消费者的健康以及生命安全造成威胁，而市场无法通过自身的调节来消除这种外部性的存在，因此水产品质量安全问题无法由水产品市场自身加以约束。

在整个水产品生产与消费环节中的负外部性表现如下：第一，现代工业和现代农业生产产生的外部性。在我国现代化发展过程中，诸多因素导致水产养殖环境污染严重。现代工业的发展过程中向自然界中排放的废气、废水、废渣，及由此引起的酸雨等对鱼类赖以生存的生态与自然环境造成了严重的威胁，影响了鱼类的生长，产生了外部负效应。此外，这些工业废弃物中的有害物质还能通过在水产品体内的积聚对水产品的安全性产生影响从而造成更大的负外部性。在现代农业生产过程中，由于化肥、农药等现代农业生产资料的过量使用，不可避免地会对环境产生影响，同时也影响了鱼类赖以生存的水环境。我国共有淡水鱼类1 010种，当今被列为濒危物种的淡水鱼类已有92种，鱼类资源的现状堪忧，也直接影响了鱼类生长质量。

第二，水产品的生产者给消费者带来的外部性。在水产养殖过程中，由于生产者使用不合理的饲料和渔药，造成生产者提供的水产品质量的不安全。我国渔药的开发研究较晚，对药物在鱼体内的作用机理、给药剂量、给药间隔时间、休药期等都缺乏明确的标准，在养殖生产中存在滥用药物的现象，非法使用禁用药物和过量使用人鱼共用药，其结果是导致药物在水产品中的残留。不合理喂养鱼类，造成鱼类生长质量下降，也造成水产品质量安全有问题，这都给消费者带来极大的负外部性。

第三，在水产品加工过程中，生产者不适当的加工技术和冷藏技术，也给水产品的消费者带来极大的负外部性。

第四，水产品进入零售阶段，由于批发商或者零售商没有及时采用保鲜技术，也会给消费者带来负外部性。

上述相关理论说明了政府对水产品质量安全管制的必要性和重要性。水产品质量安全属性表明，由于质量安全信息的不对称，政府需要通过质量安全规制手段增进效率、促进公平、维持稳定。水产品质量安全公共产品理论和外部性特征则说明市场不存在有约束的帕累托效率，因此需要政府干预，以增进福利。因此，在水产养殖产品质量安全方面，政府规制是非常重要的。根据以上分析，笔者将水产品质量安全相关的政府规制状况归纳如表 2 - 2 所示。

表 2 - 2 我国水产品质量安全政府规制状况

国民经济行业	规制与否	规制理由	规制手段	主要规制机构
水产养殖业捕捞业	规制	负外部性 信息不对称 公共物品性	许可、定额、禁令	国家海洋局、农业部渔业局及其下属机构
水产品加工业	规制	负外部性 信息不对称	许可、标准	卫计委、工商局、国家质量监督检验检疫总局及下属机构
水产品批发业	规制	信息不对称	审批、许可、专卖	商务部、工商局、国家质量监督检验检疫总局及下属机构
水产品饮食业	规制	负外部性 信息不对称	许可、标准	卫计委、工商局、环境保护部及下属机构

资料来源：笔者根据资料归纳整理。

2.2.2　农（养殖）户行为理论

农户，是由血缘关系组合而成的一种社会组织形式，是主要利用家庭成员的劳动从事生产以此为经济来源的居民户，其特点是部分参与不成熟的投入要素和生产市场。对农户行为，国内外学者做了大量的研究，并且普遍认为，农户行为是指农户在农村经济活动和生活中进行的各种选择决策。本研究主要指特定一类的农户——水产养殖户。水产养殖户是一种从事水产养殖活动的职业农民，他们以水产养殖业作为事业和谋生的手段。养殖户质量安全行为是指养殖户对应于水产品价格、生产要素价格变动和政府规制环境作出的关于水产养殖业投入与产出的反应或生产经营决策。

与水产养殖户质量安全行为分析密切相关的理论之一是行为经济学理论。传统的经济学通常假定市场行为是由物质动机驱动的，并且人们所做出的经济决策是完全理性的并且是追求自我利益的必然结果。但是在现实的情况条件下，由于环境的不确定性和复杂性等原因，人类的认知能力是有限的，人们的理性认知能力受到心理和生理上思维能力的客观限制。行为经济学正是试图将心理学的研究融入经济学理论的科学来解决完全理性经济的局限。行为经济学的核心观点在于：经济现象来自当事人的行为；当事人进行理性决策，但理性是有限的；在有限理性的约束下，当事人的决策不仅体现在目的上，而且体现在过程上；在决策过程当中，决策程序、决策情景都可以与当事人的心理产生互动，从而影响到决策的结果。进而，行为经济学认为人的选择行为在有限理性思考下做出，一般受到认知、环境和信息不确定的约束，注重研究人的选择行为本身及其过程。

与养殖户质量安全行为分析密切相关的理论之二是计划行为理论。计划行为理论是由多属性态度理论和理性行为理论结合发展而来的[①]。Ajzen 认为所有可能影响行为的因素都是由行为意向间接影响行为的表现，而行为意向受到三个因素的影响：一是源于个人本身的态度，即对于采取某项特定行为所持的态

---

① Fishbein M, Ajzen I. Belief, Attitude, Intention, and Behavior: An Introduction to Theory and Research. Reading MA: Addison—Wesley, 1975: 265–271.

度；二是源于主观规范，即影响个人采取某项特定行为的主观规范，它是由个人在采取某一特定行为时所感受到的社会压力的认知；三是源于知觉行为控制，即个人预期在采取某一行为时自己所感受到的可以控制的程度，常反映个人过去的经验或预期的阻碍[①]。知觉行为控制包括了内在的控制因素，如个人的缺点、技术、能力等，以及外在的控制因素，如机会、障碍等。从计划行为理论的角度出发，影响农户采用安全健康的生产方式的因素主要包括生产者的态度、主观规范、知觉行为控制、其他一些个人客观的因素[②]。

关于农户的行为假设，西方经济理论界已经普遍认可农户行为是理性的。特别值得一提的是贝克尔（Becker，1975）的贡献。他考虑到农民的理性行为是以家庭为整体表现出来的，最早主张以家庭为单位，将家庭中的生产、消费和劳动力供给等决策有机结合起来，建立生产模型，由他的家庭生产模型发展而来的农户生产模型已成为一个经典模型。诺贝尔经济学奖获得者西奥多·舒尔茨也认为小农是理性的，他指出全世界的农民，在考虑成本、利润及其各种风险时，都是很会做盘算的生意人。他认为一旦现代技术要素投入能保证利润在现有价格水平上获得，农户就会成为最大利润的追求者，因此改造传统农业的正确途径不是集体农庄，而是在保存家庭式农产的生产组织结构的基础上，提供小农可以合理运用的现代生产要素，给农民提供有利的投资机会，也就是提供具有更高投资收益的现代化生产技术和良种。一旦有经济利益的刺激，小农就会追求利润而创新，从而改造传统农业。同时通过教育提高农民的人力资本，使其能够充分掌握新的耕作技术和应付随之而来的风险[③]。

美籍学者黄宗智认为我国农户具有三种不同的面貌。首先，在一定程度上直接为自家消费而生产的单位，他们在生产上所做的抉择，部分地取决于家庭的需要。其次，他们也像一个追求利润的单位，因为在某种程度上他们也为市场而生产，必须根据价格、供求和成本与收益来做出生产上的抉择。最后，小农是一个阶级社会和政权体系下的成员，其剩余产品被用来供应非农业部门的

---

① Ajzen I. Attitudes, Personality, and Behavior. Chicago, The Dorsey Press, 1988: 5 – 15.
② 陈雨生，乔娟，闫逢柱. 农户无公害认证蔬菜生产意愿影响因素的实证分析——以北京市为例. 农业经济问题，2009（6）：34 – 40.
③ 韩喜平. 中国农业经营系统分析. 北京：中国经济出版社，2004：66.

消费需要①。我国著名"三农"研究经济学家林毅夫认为，我国的农户行为是理性的，并且批评了被用来证明小农行为不是理性的典型事例恰恰是在外部条件约束下的理性表现②。学者史清华认为运用理性小农学派的判断似乎更能恰当地解释我国农村改革前后农业与农户经济增长实绩的变化，他以山西、浙江两省1986—1999年连续跟踪农户观察资料为基础，对两省农户家庭经济利用效率及其配置方向进行比较分析发现，农户在进行家庭资源配置上，其行为完全是理性化的③。

综上所述可以看出，关于农户是否理性存在两种主要观点，即农户行为的完全理性，理性与非理性并存。笔者认为，农户家庭作为农村经济活动的基本单位，在行为决策时不可能完全追求理性，受信息的可获得性以及自身认知能力等因素的影响，在进行经济决策时会考虑利润以外的诸多因素。由于目前我国水产养殖业为经营性渔业，养殖户从事水产养殖业追利性较强，本研究假定水产养殖户是一个理性个体，其行为追求的是经济效益最大化。但是在追求效益的过程中，水产养殖户的经济决策也会受到其他因素的影响。

我国农村实行的是家庭承包责任制和土地制度，养殖户从事水产养殖活动的塘田基本上是承包经营体制，水产养殖户养殖池塘经营规模较小，且对池塘只有一定期限的使用权，池塘经常要重新调整。养殖户就对养殖的塘田缺乏可持续利用的观念，经常滥用各种渔用化肥、渔药。养殖户的这种掠夺式生产行为，造成水产养殖产品的质量安全问题。出现水产养殖产品质量问题，正是由于养殖户"理性行为"和"非理性行为"矛盾的结果。养殖户的"理性行为"——追求产品的产量，导致了"非理性行为"——过多地使用化肥渔药，使得水产养殖产品药物残留严重，从而影响了水产养殖产品的质量安全。因此，要对养殖户行为进行规制，使养殖户养殖的水产品符合质量安全的要求。

即使我们相信农户家庭经营行为遵循理性，也未必能说明农户自主选择的家庭经营决策是最优的制度。新制度经济学用"囚徒困境"这一经典性的案例

①　黄宗智. 华北的小农经济与社会变迁. 北京：中华书局出版社，2000：306.
②　林毅夫. 小农与经济理性. 经济研究，1998（3）：31－33.
③　史清华. 农户经济增长与发展研究. 北京：中国农业出版社，1999.

证明了存在"个人最优选择——糟糕的制度结果"的"制度悖论"现象。"制度悖论"实际上由于信息不充分等原因导致的农民"有限理性"选择的结果，或者是由于强势地位的利益集团扭曲群众理性的结果。因此，如果农户行为与现代化要求有冲突，那是因为现代化相关的政策和体制不合理。这进一步说明研究现有政府规制对养殖户的影响是非常有必要的。

2.2.3　农（渔）业产业组织化发展理论

（1）产业组织与农业产业化组织

早在1776年，亚当·斯密发表的名著《国富论》，就深刻地阐明了生产力的最大提高依赖于分工的发展，而分工的发展又受到市场范围的限制。阿林·杨（Allyn Yong）在1928年发表的论文《递增收益与经济进步》中指出，劳动分工的演进是经济增长最重要的理论基础，经济发展过程就是在初始生产要素和最终消费之间插入越来越多、越来越复杂的生产工具、半成品，知识的专业生产部门，使分工越来越精细。分工的发展能引起生产组织结构的演进和规模收益递增。

产业是同类企业、事业的总和。这样的产业部门，在人类生产发展的历史上，并不是一开始就存在的，而是在生产发展的过程中，在社会分工发展的基础上，逐步形成和发展起来的，是分工协作发展的结果。所谓产业组织（Industrial Organization）是指同一产业内企业间的组织或者市场关系。这种市场关系主要包括：交易关系、行为关系、资源占用关系和利益关系。对产业组织的研究主要是以竞争和垄断及规模经济的关系和矛盾为基本线索，对企业之间的这种现实市场关系进行具体描述和说明。产业组织化模式是产业内各经营主体为了获得规模经济效益而根据一定的方式而组织起来的形式。因此，农业产业组织化模式（或组织化形式）就是指农业产业内各经营主体为了获得规模经济效益而根据一定的方式而组织起来的形式。

农业产业化经营是我国农业经营体制上继承家庭联产承包责任制之后的又一重大创造，是农业组织形式和经营机制的创新。农业产业化是以市场为导向，以农户为基础，以"龙头"企业或农民自主决策的合作社等中介组织为纽带，通过将农业再生产过程的产前、产中、产后诸环节联结为一个完整的产业系统，是向生产加工、供产销、农工商一体化经营的经济运行方式。从实践的角度看，农业产业化经营具有同其他经济范畴一样有其自己的特征，表现为：生产专业化、经营一体化、商品社会化和服务社会化。农业产业化经营组织的分工和规模效益能否发挥出来，主要取决于经营组织的内部机制，这是决定产业组织规模效益发挥程度的关键因素。

根据分工深化过程中所介入的其他经济组织的性质类型的不同，农业产业化的实现模式基本上可以概括为"专业市场－农户"、"合作经济组织－农户"、"公司－农户"三种：①专业市场－农户。专业市场主要是指根据当地的农产品优势所形成的区域性甚至是全国性的农副产品专业市场。专业市场作为一个市场组织，具有较强的价格发行功能，是信息交流中心和价格形成中心，市场容量大。它集聚了各地的产品交易者和交易信息，通过其积聚所形成的规模经济（集聚效益），能有效地提高交易效率，降低产品流通过程中的发现价格、谈判过程的交易费用，从而增加交易规模。②合作经济组织－农户。合作经济组织主要包括合作社和专业协会两种形式，以合作社为主。合作社是在农户家庭经营的基础上，基于农户自愿或在政府的引导下所形成的经济主体，具有明显的群众性、专业性、互利性和自助性，都有正式的章程和会员证。合作社是社员身份的联合而不是基于资本的联合，同时在实际运作过程中要求实现公平原则、决策过程民主化。农民专业协会和专业合作社在市场交易中显示出合作经济的优势，具有非常广阔的发展前景。③企业－农户。"企业－农户"一直是农业产业化过程中的主要选择模式，以公司或集团企业为主导，以农产品加工、运销企业为龙头，重点围绕一种或几种产品的生产、加工、销售，与生产基地和农户实行有机的联合，进行一体化经营。在该模式中，农户分工生产农副产品，企业主要进行农副产品的加工和销售。除此以外，企业还有可能向农户提供一些产前和产中的服务，如农用物资采购、农业技术服务等。在该模式中，企业和农户是基于农业中分工深化的基础，双方通过不同的合同（契约）安排实现产前、产中、产后的一体化经营。

改革开放以来的我国家庭联产承包责任制和农副产品市场化改革极大地调

动了农户家庭的生产积极性，促进了农业生产的发展，然而也随之带来了所谓的"小农户、大市场"的矛盾。我国的农业产业化是 20 世纪 90 年代为解决我国农业发展深层次问题而提出的一种农业经济组织形式，农业经营的一体化运行方式可以有效地解决我国农业长期分散化经营、农业各环节之间缺乏连续性和衔接性，因此，实行农业产业化经营是农业生产力发展的内在要求，也是探索我国农业向现代化农业发展的有效途径。我国的农业生产从单门独户孤立分散经营走向农户的组织化经营，这与国际农业发展的基本趋势——专业化、社会化和一体化的发展轨迹是一致的，是农业产业在市场竞争中追求利润最大化发展的必然选择。在农户经营社会化的过程中，农户与其他主体之间的地位应该是平等的，其相互之间是一种联合、合作的经济关系。

由于农产品质量安全信息存在严重的不对称和不完全，只有农户自己知道所生产的产品的安全情况。因此，企业会偏向于与农户建立一体化联系，以减少在市场交易中所遇到的昂贵的交易费用，包括检测、追踪、监管的费用。而单个小农户无法获得安全农产品信息，也很难掌握安全农产品生产的法律法规标准，以及所需要的技术。因此，利用农业产业化经营，由"龙头"企业依靠自身的优势来获得产品信息和生产技术。然后通过对农户的培训、管理，可以使得农产品达到质量安全要求。但是，在这一模式中，产品质量控制方面会存在问题。由于各农户分散经营，企业很难对农户进行监督、管理。农户由于生产规模偏小，可能会缺乏改善产品质量的愿望和能力。在经济利益的驱使下，有些农户会选择违规用药，致使农产品药物残留超标。而公司由于检测费用的昂贵，无法在收购时对产品进行全面的药物残留检测。因此，需要加强农户合作组织对农户的行为进行监督。

（2）水产养殖业的经济属性及其产业组织化发展的理论分析

养殖渔业是人类直接利用水域、太阳等自然力养殖水产品及其加工的生产活动，这一特点决定了养殖渔业生产中经济的再生产过程和自然的再生产过程是密切交织在一起的，进而决定了养殖渔业相对于其他产业的一些特殊性。

第一，养殖渔业生产属于资源和劳动密集型生产。养殖渔业一方面受水产资源的影响，属资源密集型生产；另一方面离不开劳动力的大量投入，因而又属于劳动密集型生产。因此各地水产资源的丰富程度、农业人口和劳动力的多寡、经济发展的阶段都影响水产品的产量。一般来说，沿海国家相对内陆国家水产品产量要高，农业人口多的国家和发展中国家水产品产量高。

第二，养殖渔业受资源环境的约束较强。渔业养殖的对象是水生动植物，水生生物是有生命的物体，有它自身的特点：一是再生性，有繁殖能力，需要有特殊的繁殖环境；二是多样性，有很强烈的生态多样性，分布有其多样性；三是波动性，由于前几个特性的原因，很容易受环境影响，环境变化大，它们的数量也就随之发生变化。水域生态环境是其赖以生存和发展的基础，所以水域环境对水产品生产的约束性强。

第三，养殖渔业生产自然风险和市场风险较高。养殖业的自然风险相当大，特别是海水养殖，台风、潮汐等自然灾害以及其他复杂的病害，可能一夜之间就使渔民一年的辛苦付之东流。另外，由于养殖水产品的季节性和易腐性，以及渔业生产的较高成本，水产品的市场风险也较其他农产品大。在水产品上市季节，如果不能及时出售，可能影响水产品的质量，进而影响其价格，影响生产者利润甚至使生产者血本无归。另外，水产养殖中的病害传染也造成水产品生产的高风险。

由于养殖渔业经济生产过程中所暴露出的上述困难，对渔业产业生产者的要求更加高，加上近几年水产品安全的问题，使得我们有必要重新审视一下现有渔业组织发展模式，应用更加合理的产业组织模式发展现代养殖渔业。

渔业产业化组织从内部关联程度上看，有两个层次：一个是通过产权结合，形成大规模和水产品生产、加工、销售内部化的渔业综合性企业；另一个是构造风险共担、利益均沾、优势互补的非产权的契约性组织系统，可以称之为联合体。横向一体化的联合体在保持农户独立性的基础上，以某种方式将小农户连接起来，对外共同协调农资采购、农业服务和产品销售业务，减少交易费用，强化生产者的市场地位；纵向一体化的联合体以较长期的合同稳定作为联合体成员的农工商之间的协作关系，改变农业和相关产业，特别是下游产业的即时性的对策式连接方式，使农业生产更加有的放矢，农产品加工和销售过程更加具有竞争性。

常见的养殖渔业产业组织化模式主要有以下几种：一是专业合作经济组织带动型组织化模式，养殖渔民专业合作经济组织是在家庭承包经营基础上，同类水产品的生产经营者、同类水产品生产经营服务的提供者和利用者，自愿联合、民主管理的互助性经济组织。专业合作经济组织带动型是以专业合作社或专业协会为依托，指导渔户进行农产品生产，完成生产产品的目标与标准，提供统一的生产、加工和销售服务，由组织完成市场规划、产品收购与加工、联系客户和储运销售的一体化经营，以期获得规模经济。按照会员合作的紧密程度，有渔业专业协会、渔业专业合作社和渔业股份合作社。二是渔业企业带动型组织化模式，该模式是指以渔业公司或集团企业为龙头，对水产品进行生产、加工或销售，渔户或农产品生产基地提供优质农产品或原料，各方实行有机结合进行一体化经营，以期获得规模经济。可以采用"公司－农户－市场"、"公司－专业协会－农户"等模式。三是专业养殖大户型产业组织模式，在这些专业养殖大户中，有的以股份进行联合，有的以劳动进行联合，这些联合体没有正式的组织，一般是口头协议。

渔业主要包括养殖、捕捞和水产品加工，这几个部分内部各部门之间存在着客观的联系，这种联系对自然环境有很大的依存性。有效利用自然资源、形成合理生态系统的客观要求，也是渔业生产良性循环的必要条件，渔业的发展要求渔业各部门全面发展，但这并不意味着渔业各部门的地位完全相等。相反，在所有渔业生产部门中，养殖业部门具有比其他任何部门都有特殊的重要地位，世界上多数国家的实践表明也是如此。目前，世界各国渔业发展趋势使得养殖业占有越来越大的比重，这一趋势要求渔业生产的专业化与一定程度的多部门经营相结合。在养殖业中，虾、河蟹等特色养殖产品的比重不断提高。渔业为提供低脂肪、高蛋白水产品的鱼类比重日益增加，渔业中养殖的地位也越来越高。

水产养殖业产业化经营就是要把一家一户的分散经营组织起来，确立主导产业，在一定的区域内，依靠"龙头"企业带动，发展规模化经营，并使生产、流通与市场紧密地连接在一起，这是水产养殖业生产适应市场经济发展的必由之路。实行渔业产业化经营最核心的问题是如何确定主导产业。所谓主导产业是指有资源、有市场、有规模、有效益、覆盖面广，能使渔民致富的产业。一定程度的市场集中，提高规模性和产业化程度，也可以使企业有能力在水产品质量安全性方面加大投入，建立更规范的管理措施，加强产品管理原始档案记录，提高水产品质量安全问题的可追溯能力，使得企业或消费者对水产品各环节的质量安全信息的知情转化为市场上企业对消费者的承诺，从而把质量安全性变成一种竞争优势的来源，这样一来，水产品的质量安全问题就能得到较好的解决。

市场结构、市场行为与市场绩效是产业组织理论的三大主题。产业组织是指同一产业内企业之间的组织或者市场关系。现代产业组织理论认为，市场结构决定市场行为，市场行为决定市场绩效，市场绩效又能够对市场行为和市场结构产生影响[①]。市场绩效是由一定的市场行为所形成的价格、产品质量和技术进步等方面的最终经济成果，其中，产品质量安全是衡量市场绩效的重要指标之一，产品的质量水平的高低会影响其价格、产量、成本、利润等指标水平。因此，考察一个具体产业的市场绩效水平，必须考虑产业的产品质量高低。同样道理，养殖水产品质量安全高低直接影响渔业产业的市场绩效，并进而影响整个产业的发展。

养殖水产品质量受养殖水域环境、养殖成本、养殖技术、质量控制、价格等因素的影响。水产品质量安全高低是市场绩效的一个重要方面，产品质量安全绩效维度与水产养殖业的产业组织结构合理与否与产业化发展程度具有重要的相关性，由此可见，渔业产业化组织对养殖水产品质量安全的高低具有重要的影响。

产业化水产养殖有助于推动渔业生产由分散经营转变为适度规模经营，促使水域、劳力、技术、资金等生产要素优化组合，从而提高渔业养殖效率，提高水产品的质量安全。同时，产业化养殖把渔业的生产、加工、运销等各个环节与企业的部门有机地结合起来，将外部的市场交换通过合并或契约的方式内化为一体化流程，在降低交易费用的同时，通过优势互补，组成经济共同体，

---

① 臧旭恒. 产业经济学. 北京：经济科学出版社，2007.

共同挖掘潜在的外部利润，从而使经济共同体在既得利益不变的情况下，在确保水产品质量安全的前提下，增加水产品养殖户的总收入。因此，渔业产业化养殖不仅是不同生产经营活动的组合，也是各种经济利益主体的组织结构的重新构建，是一种将外部行业内部化的制度创新，有利于水产品质量安全得到保障。

目前，世界各国渔业发展趋势使养殖业占有越来越大的比重，在我国的水产养殖业中，虾、河蟹等特色养殖产品的比重在不断提高。我国养殖户的小规模经营在生产过程中面临自然和市场的双重风险，难以适应市场化、社会化发展的要求。因此，应通过社会化大生产的方式将养殖户组织起来，养殖户才能克服分散经营的缺陷。农业产业化经营是我国农业经营体制上继承家庭联产承包责任制之后的又一重大创造，是农业组织形式和经营机制的创新。与其他农业一样，水产养殖产业化经营既是能合理解决养殖户小规模经营的缺陷，也是一种组织形式和经营机制的具体创新。

本章小结

本章对国内外专家学者有关食品、农产品和水产品质量安全研究的文献做了简要的回顾。通过文献回顾，笔者发现研究农产品质量安全生产者行为的文献相对较少，基于微观计量视角研究水产品质量安全生产者行为的就更加少。基于这样的现状，笔者把研究的视角定位于水产品质量安全生产者行为研究。本章构建了水产养殖产品质量安全政府规制对养殖户影响的两大理论体系：政府规制理论和农户行为理论。在政府规制理论中，着重说明水产养殖产品质量安全政府规制的必要性和重要性。在农户行为理论中，着重阐述农户行为理论进展状况，同时主要结合养殖户行为对农户组织经营化的原因和发展做了细致的分析。

3 我国水产养殖产品质量安全问题与政府规制现状分析

3.1 我国水产养殖产品质量安全问题现状及其原因分析

3.1.1 我国水产养殖产品质量安全问题现状分析

水产养殖业包括海水养殖和淡水养殖，是人类利用海水和淡水养殖水域，采取改良环境、清除敌害、人工繁育与放养苗种、施肥培养天然饵料、投喂饲料、控制水质、防治病害、设置各种设施与繁殖保护等系列科学管理措施，促进养殖对象快速生长发育，最终获得鱼类、虾蟹类、贝类、藻类等水产品的生产事业。水产养殖业是渔业重要的组成部分。与国民经济其他行业相比，水产养殖业投资少、周期较短、见效较快、效益和潜力较大。

水产品通常被人们认为是较为安全的产品，但是随着环境污染的日趋严重和人们商业利益观念的不断增强，水产品产业链各环节的安全隐患也不断增加。水产品质量安全问题是指渔药、污染物等在水产品体内的残留对人体造成的伤害，而这种残留在交易过程中不易直接观察到，食用后对人体的伤害作用也是缓慢的，短期内不易察觉，从而对人体造成严重的健康问题。中国加入 WTO 以后，中国水产品的质量安全受到有关部门的重视，被列为食品中的重点整治对象。我国从 1983 年到 2013 年的 30 年间，相关的卫生部门对食品和水产品安全进行了一系列的检测工作并积累了相应的数据资料。

根据 2005 年至 2008 年 22 个城市水产品质量安全检测结果显示，近年来水产养殖产品质量安全问题总体上呈上升趋势。2007 年 1 月和 4 月两次检测，水产品氯霉素污染的合格率为 99.6%，2007 年 4 月对超市、批发市场和农贸市场水产品进行硝基呋喃类代谢物污染检测，合格率为 91.4%。水产品产地药残抽检合格率稳定在 95% 以上，水产品质量安全总体水平好转。但是这并不能说明我国水产养殖产品质量安全就没有问题，仍有禁用药物被检出，如孔雀绿石、硝基呋喃药物的残留状况较严重，喹乙醇、甲基睾酮等激素类药物等也有检出。限用药物可能成为新的水产品质量安全隐患。

另外，从现有的资料看，不少地方政府年度或季度对水产品质量安全的抽检结果不容乐观。2009 年，长春市相关政府部门对流通领域 10 个品种 79 个批次的食品质量监测中发现，不合格食品 23 个批次，合格率为 70.89%。其中，虾仁质量最差。工商部门抽检发现，抽检的虾仁产品中多数有国家强制标准中不得含有的二氧化硫。2010 年，从深圳市相关政府部门对罗非鱼和鳜鱼的抽检结果看，孔雀石绿等药物残留现象比较严重。2010 年农业部组织 27 家水产品质检机构，对全国 30 个省（区、市）及计划单列市开展了 2010 年度第一次产地水产品质量安全监督抽查。本次监督抽查共随机抽检 901 家水产养殖单位，其中 23 家单位的样品被检出含有禁用药物，涉及北京市、上海市、天津市、内蒙古自治区、辽宁省、黑龙江省、福建省、广东省、山东省、陕西省等省市区的养殖场和养殖基地。可见，从我国政府抽检层面来看，我国水产品质量安全问题还是比较严重的。

目前水产品质量安全问题，已经成为全球性的重大战略性问题，并越来越受到世界各国政府、生产者和消费者的高度重视。与发达国家相比，我国水产品安全性不容乐观，水产品的安全性已成为我国渔业可持续发展和水产品出口贸易的"瓶颈"。鉴于我国水产养殖业在水产业中的地位越来越重要，非常有必要分析我国水产养殖产品质量安全的现状。这些问题突出表现在如下几个方面：一是水产养殖环境外源污染加剧，水产养殖水源污染范围扩大。随着我国水产养殖面积不断扩大，养殖强度的不断增加及沿岸污染物的排入，养殖环境日益恶化。养殖环境污染加剧对水产养殖产品质量安全的影响日趋严重。二是水产养殖内源污染也很严重，养殖企业和养殖户不恰当的养殖方式破坏了养殖生态环境，直接危及水产养殖产品质量安全。三是养殖环境恶化为病原体和致病微生物提供了基础条件，致使水产养殖产品的病毒病、细菌病、寄生虫病和营养病频繁发生。水产品中有害因素的来源广泛，种类日益复杂。

我国水产养殖产品质量安全问题的集中表现为药物残留问题比较严重。水产品中的药物残留是指水产品在养殖和加工过程中，为防病、治病和其他目的而使用的药物在生物体和产品内产生积累或代谢不完全而形成的残留。发展水产养殖业必然要防病治病，肯定要使用一些药物。近几年我国的水产药业发展较快，不少渔药在养殖生产中成效明显，受到广大养殖户的欢迎。但也有不少渔药档次低、疗效差、配方陈旧、重复、生产工艺落后；还有不少产品为依赖化工、兽药、医药、农药等的代用品，渔药市场管理不规范，销售渠道混乱，产品标志不统一，导致禁用药物流入市场，给水产养殖产品质量造成安全隐患。各种养殖药物的随意使用，对生物体造成了严重的危害，对人体健康的潜在危害甚为严重，而且影响深远。一般来说，水产品中的药物残留大部分不会对人体产生急性毒性作用，但是如果经常摄入含有低剂量药物残留的水产品，残留的药物即可在人体内慢慢蓄积而导致体内各器官的功能紊乱或病变，严重危害人类的健康。水产养殖生物的疾病按照致病来源分为病毒性疾病、细菌性疾病、真菌性疾病、寄生虫引起的疾病和不良水质引起的疾病等。在许多情况下，都是由主要原因引发的，其他原因协同作用导致养殖动物发病。水产养殖过程使用激素药物催产剂对鱼类进行人工繁殖是普遍使用的技术之一，但激素类药物的使用和管理不当会对水体环境产生极大危害。特别是水产品中激素类药物残留会导致正常人的生理功能紊乱。

此外，水产养殖产品的安全与质量检验、管理机构不健全，基础设施和法规体系建设方面不配套、设备不足、科研力量弱、管理手段落后等，都是导致药物残留监管失控的直接原因[①]。

3.1.2　我国水产养殖产品质量安全问题发生原因分析——生产环节视角

食用农产品的生产是整个食物供应链的起点，食用农产品生产者的行为是食

---

①　黄江峰，曹平贵，饶毅，等．药物残留对水产品质量安全的影响．江西水产科技，2007（4）：7－10.

品安全的第一道防线。在这一环节中，可能对食用农产品安全的影响从三个层次可以反映出来：一是国家层面的环境状况对食品安全的影响；二是直接作为食品生产要素的环境要素，如农用土地和水体等对食品安全地影响；三是作为生产要素投入，即人为要素在发挥其生产促进功能的同时，影响或污染着生产的产品。在上述三个层次中第三个层次是生产环节农产品安全管理的主要对象，下面来分析水产养殖产品生产环节发生质量安全问题的原因。这是本研究分析水产养殖产品质量安全问题的切入点，也是水产养殖产品质量安全问题发生的源头和关键所在，在这个环节中养殖户的生产行为对水产养殖产品质量安全状况有很大的影响。

（1）水产养殖业者质量安全意识方面的原因

我国水产养殖业者质量安全意识普遍较淡薄，具体表现在水产养殖从业者的文化平均水平不高，接受新知识新技术比较慢，关于渔用药物和渔病害方面的知识严重缺乏，传统的水产养殖思想使他们养殖投入品的使用比较混乱，盲目用药，导致部分水产品药物残留的客观存在。基层技术人员缺乏专业技术实践，虽然每年都会下乡指导养殖户生产，但是效果不好。水产养殖生产者的质量安全意识淡薄、市场竞争的不规范，不仅严重毁坏了我国水产品质量安全的声誉，而且产生了恶劣的影响，带来了巨大的经济损失[①]。

养殖业者从事水产养殖业，其最终是为获得经济效益，很多养殖户片面追求短期经济利益最大化，为降低生产成本，一是常常使用添加了激素的劣质饲料或腐烂变质的饲料；二是遇到病虫害时，在缺乏科学指导的情况下，往养殖区域内过量投放各类渔药；三是任意提高放养密度，加大饲料和药物使用量，增加了水体负担，加大了不安全因素。这些都给水产品的质量安全埋下了巨大的隐患，也给养殖业者带来了巨大经济效益损失的隐患。如2006年广东罗非鱼出口被查出鱼体含有林丹残留，给养殖户造成重大的经济损失，原因是添加某杀虫药物所致。

（2）水产养殖产业化组织程度方面的原因

长期以来，我国水产养殖业实行家庭式分散化养殖，规模较小的养殖户占的比重较大，缺乏规范化的生产过程和组织行为，而且分散的养殖户对生产科

---

① 黄家庆. 我国水产品质量安全管理的现状、问题及对策. 中国水产，2003（7）：37－38.

技投入明显不足，造成产品质量安全无法提高，政府管理也比较困难。个体的养殖户作为经济人，具有严重的机会主义倾向。机会主义是指信息的不完整或信息受到歪曲的透露，尤其是指在造成信息方面的误导、歪曲、掩盖、混淆的蓄意行为，它是造成信息不对称的人为原因。这种机会主义行为在养殖过程中表现为：一是部分从业者缺乏责任感，只考虑短期的经济效益而忽视其对人们身体健康的影响；二是一些养殖户获取相关信息的渠道不畅通，无法及时获知相关药物的毒性风险及相关禁令；三是养殖户存在侥幸心理，认为使用后经历了较长时间药性已经挥发了或用量不大就不会被检出等。但是随着检测水平和相关标准的提高，在水产品整个生产周期中几乎到了只要使用药物，就有被检出的可能性；四是养殖户采用的养殖模式存在问题，过高的养殖密度造成病害高发，从而在养殖过程中就开始用药，最后就带来了水产品质量安全问题。

处于养殖阶段的水产品在很大程度上是同质的，可以大规模养殖和交易，也可以小规模养殖和交易。一般而言，在总量既定时，一次性交易规模越大，交易的次数就越少，从而交易费用就越低。反之亦然。在我国水产养殖规模小，养殖分散，而运销企业、加工企业规模也较小，数量较多，市场集中度低，因此，我国水产品一次性交易规模较小，交易次数较多，交易具有明显的市场化倾向，从而交易成本较高，包括水产品质量安全成本较大，水产品质量安全性不易实施和控制。就一个国家乃至全世界而言，没有一个物质生产行业有着农业领域如此众多的生产经营者，从而使市场份额如此极度分散，几乎无行业集中度可言，在水产养殖业也存在这种情况。我国水产养殖业的产业化程度低下，严重制约着我国水产品质量安全的提高。

在我国市场经济发展过程中，养殖户经过多年的实践，并借鉴一些成功的经验，不少地区形成了比较成功的产业化模式。但是总体而言，我国养殖业的产业化程度不高。我国水产养殖业的生产经营状况是半来自渔民养殖一家一户，且大部分不同程度的属兼业；另一半来自专业大户、中小型养殖企业。这样的生产经营规模在全国来说不算小，但相比其他产业动辄数万亩甚至数十万亩的规模来说太"势单力薄"了。由于是高度分散且规模小、各自为政的粗放型经营，产品标准化程度和组织化程度都非常低，品质参差不齐，难以形成自己的品牌，造成质量安全不乐观。

（3）水产养殖者不当使用渔药、饲料和添加剂

渔用药品和农药品种不断增多，杀虫剂、杀菌剂、杀藻剂、除草剂等渔用药品和农药污染水体后，可在水产养殖产品中富集，养殖生物吸收后造成水产品质量安全问题的发生。水产养殖业中越来越多地使用抗菌类，如呋喃类、磺胺类、大环内酯类等各类抗菌药物。它们的残留对人体健康的影响已受到人们的关注。作为治疗剂抗菌药在水产养殖业中使用，会对水环境产生潜在的影响，同时也会对人类健康产生潜在危害。在水产养殖过程中常使用化学药物（如抗生素、治疗剂、消毒剂和防腐剂等）来防治病害，清除敌害生物，消毒和抑制污损生物等。药物的施放及其残留，在杀灭病虫害的同时，也使水中浮游生物有益菌、虫害抑制、杀伤及致伤，造成微生态严重失去平衡。为了防病，多种药物大剂量重复使用，使细菌发生基因突变，部分病原生物产生抗药性。在实际养殖过程中，养殖户为了控制水产动物病害的蔓延，投入了较多的农药和抗生素等化学药物，由于对用量、用药次数以及停药期的忽视，造成了药物在水产品中的残留，进而对公众健康和水域环境造成了潜在危害。

水产养殖业者不正确使用药物的主要表现有：第一，不遵守休药期有关规定。休药期是指水产品允许上市前或允许食用前的停药时间。在休药期结束前水产品上市等都可导致抗生素在水产品中的残留。目前我国使用的较多水产药物均缺乏具体的休药期规定，在部分水产养殖业者中，休药期的意识还比较薄弱。第二，不正确使用药物。使用渔药时，在用药剂量、给药途径、用药部位和用药动物的种类等方面不符合用药规定，因此造成药物在生物体内的残留。第三，使用未经批准的药物。由于对这些药物在水产动物体内的代谢情况缺乏研究，没有休药期的规定，如作为饲料添加剂来喂养水产动物，极易造成药物残留[1]。在缺乏安全生产指导下的养殖户，盲目用药，不正确的生产方式，造成水产养殖产品质量安全问题严重。

研究表明，使用抗生素可降低养殖成本，但若出于预防和促进生长目的，对

---

① 杨先乐．水产品药物残留与渔药的科学管理和使用．中国水产，2002（10）：74－75.

动物中长期使用低于治疗剂量的抗生素，将会加速耐药细菌的出现。耐药菌在养殖动物中出现并传播，将使大规模养殖动物成为庞大的耐药基因储藏库。这会使动物对疾病的抵抗力越来越差，细菌耐药性越来越强，形成恶性循环。"有抗食品"还严重威胁人类的健康。专家指出，一些抗生素蓄积在食品动物组织中，这些残留药物可通过养殖产品直接蓄积于人体或通过环境释放蓄积到其他植物中，并最终以各种途径汇集于人体，导致人体慢性中毒和体内正常菌群的耐药性变化。人体经常摄入低剂量的抗生素残留物，会在体内蓄积而导致各种器官发生病变。

水产饲料药物往往不能被鱼类完全吸收，有相当部分以原形或代谢物的形式随粪便和尿液排入环境中，这些药物作为环境外源性化学物对环境生物及生态产生广泛而深远的影响，产生了诸如水体富营养、水产品污染、生态平衡被破坏等问题，最终可能对人类的健康和生存造成不利的影响。当养殖鱼类以这些饲料作为食物来源，自然会有药物在鱼类体内残留。

在饲料中添加生长促进剂、引诱剂、抗氧化剂、免疫增强剂和中草药等添加剂药物，对促进水生动物的生长、水产疾病的防治等方面能起到很大的作用。但药物的使用及不合理搭配，会造成药物的浪费，污染水体，破坏水体生态平衡；饲料中的各种抗生素、生长促进剂等药物及其代谢产物不仅可能在水产品中残留和蓄积，对消费者的健康构成威胁，同时也会污染生态环境，破坏水体生态平衡，严重影响水产养殖产品的质量安全。

在 2002 年颁布的《无公害食品渔用药物使用准则》中对 19 种药物的用量、休药期、使用方法都做了详细的规定，并规定禁用包括硝基呋喃类化合物、滴滴涕、氯霉素等在内的 31 种药物种类及其化合物。在《无公害食品渔药残留限量》中对相关药物的残留限量做了明确的规定，并规定了相关的检测方法。《无公害食品渔用配合料安全限量》对渔用配合饲料的安全指标限量有明确的限量和使用范围。但是水产养殖者为了追求养殖产量和经济效益，还是违规使用和添加各类违禁药物。

（4）政府部门对水产养殖生产过程管理方面的原因

由于水产养殖产品质量安全的外部性和公共物品属性，政府管理的职责非常必要，相对于水产养殖质量安全监管对象很多，政府管理的资源很有限。水产养殖产品品种很多，千家万户的养殖者、不同养殖生产模式、繁多的水产养殖渔用药物与饲料，构成了错综复杂的政府管理需求，政府无法予以覆盖，但是任何一个投入品、任何一个养殖产品出问题都可能引发水产养殖产品质量安全事件。在水产养殖生产环节政府管理方面，容易造成水产养殖产品质量安全问题有两个方面：一是政府部门对水产养殖的投入品的管理比较混乱；二是政府部门对水产养殖者的管理制度不健全。

关于投入品政府管理方面存在的问题主要表现为：第一，在水产种苗管理方面，由于对水产种苗的科研、生产、开发、管理、销售和推广等方面重视不够，投入不足、规范不力，造成原种不纯、良种不良，苗种生产不按标准甚至根本没有标准、质量无保证，引种育种、开发推广无序等，导致养殖过程中的疫病爆发、养成的产品品质下降。第二，在渔药管理方面，目前我国的渔药生产、经营归口兽药管理部门跨行业管理，在渔药管理上普遍存在人员少、力量薄弱等问题，所以实际操作中往往心有余而力不足，造成渔药的生产、经营秩序比较混乱。第三，在渔用饲料及其添加剂管理方面，由于利益驱动，部分渔用饲料厂家不能很好地执行国家和行业有关标准，致使其质量良莠不齐。投入品管理混乱，极大造成水产养殖产品质量安全隐患。

关于水产养殖者政府管理制度方面存在的问题主要表现为：第一，水产养殖者在养殖证的使用上，普遍存在先生产、后发证的情况。第二，养殖者无证生产现象比较普遍，无生产记录或记录不完善的现象也比较普遍。在这两个问题表现中，养殖户无证生产现象、生产没有记录更加严重，从而造成水产品质量安全问题政府管理的困境。第三，养殖过程中，检测技术落后或者不及时检测，都会导致水产养殖产品质量安全事件的发生。养殖管理制度和检测技术的漏洞，如果有养殖者私下购买违禁药物，并且在养殖过程中偷偷使用，自然会导致水产养殖产品质量安全问题的发生。

3.2　我国水产养殖产品质量安全政府规制现状及其存在问题分析

一个理想的食品安全管理体系应当包括强制性的法律法规的有效实施，辅之以培训、教育及社区提高计划和自觉遵守的激励机制。农产品质量安全不是一个环节可以解决的，必须实施全过程控制管理。在这个过程中政府的规制将起决定性作用。一个完善的食品安全政府规制体系基本上由以下四个部分构成：一是食品安全行政管理体系；二是食品安全质量标准体系；三是食品安全法律法规体系；四是食品安全检测体系。下面笔者就从这四个方面分析我国水产养殖产品质量安全政府规制体系状况。

3.2.1　我国水产养殖产品质量安全政府规制的现状分析

（1）我国水产养殖产品质量安全行政管理机构及职能

在我国目前的水产养殖产品质量安全规制体系中，涉及水产养殖产品安全的职能部门有食品药品监督管理、农业、质监、卫生、工商行政管理、出入境检验检疫、海关和商务等10余个部门。我国水产养殖产品质量安全行政管理体系主要有中央农业部、渔业局和地方渔业行政管理部门。水产养殖产品质量安全行政管理职能主要集中在渔业局市场与加工处、养殖处、科技处等。地方渔业行政管理体系中各地方的机构设置存在较大差异，沿海地区大多与海洋管理机构联合设置为海洋与渔业厅（局），内陆大多设为水产局或者在水利局下设，也有部分内陆地区联合畜牧管理机构设置为水产畜牧畜医局，或者设置为当地农委或农业厅下属的一个水产办公室。上海市渔业行政管理部门就设在上海市农委下属的水产办公室，因此，上海市水产养殖产品质量安全管理由农委下属的水产办负责。

水产养殖产品属于大农产品类中的一小类，不同机构在水产养殖产品质量安全管理中承担着不同的职能。卫生部门负责监管、检测食品卫生，并负责食品污染和食品中毒事件的调查工作。食品药品监督管理部门主要负责对水产养殖产品安全的综合监督、组织协调和依法组织查处重大事故。农业部门主要负责水产养殖产品的田间生产管理、养殖投入品的登记许可、渔业质量标准的制定和推广实施、水产养殖产品的质量认证、水产养殖产品检验检测机构的筹建、生产者的技术培训等。质检部门主要负责进入市场的水产品的质量监督和进出口水产品的质量监督、检疫。工商部门主要负责水产养殖产品生产、经营主体资格及水产品市场的管理。环保部门主要负责水产养殖产地环境管理。商务部门主要负责水产养殖产品国内、国外市场流通管理。对于水产养殖产品质量安全违法犯罪行为的查处则主要由公安部门、法制部门负责。

（2）我国水产养殖产品质量安全法律法规体系及其制度体系现状

法律、法规的建设是一个国家开展水产品质量安全执法监督的基础和依据。

目前，我国初步建立水产养殖产品质量安全管理的法律法规体系，该体系包括国家层面的法律法规和地方性法律法规，为解决水产养殖产品质量安全提供了法律保障。我国规制水产养殖质量安全的法律法规主要包括：国家法律法规、地方性法律法规、部门规章办法和各类标准规范。

为了更好地保护消费者的权益，国家在不断地对水产品质量安全法律法规体系进行完善。《农产品质量安全法》的颁布实施，填补了我国农产品质量安全监管的法律空白，为农产品质量安全管理提供了直接的法律依据，对水产养殖产品质量安全管理也起到了决定性的引导作用。《水产养殖质量安全管理规定》从养殖用水、养殖生产、渔用饲料和水产养殖用药等几个方面确保水产养殖产品的质量安全，对我国养殖生产者有直接指导实践作用。《无公害农产品管理办法》对我国无公害水产养殖产品的发展起到引导作用，该法规规定："无公害农产品是指产地环境、生产过程和产品质量符合国家有关标准和规范的要求，经认证合格获得认证证书并允许使用无公害农产品标志的未能加工的食用农产品。"从该法规可以看出，养殖生产者要成为无公害水产品生产经营，必须达到国家的有关认证标准。

我国各地方政府也制定了与水产养殖产品质量安全有关的地方性法规和规章。其中既包括配合相应的国家法规和部门规章出台的地方性的细则和具体的实施方案等，又包括各地制定的综合性水产品质量安全法规，如《江苏省渔业管理条例》、《上海市食用农产品安全监管暂行办法》等。这些地方性法规贯彻落实到基层，是对国家法律法规的有效补充。

根据国家和地方的法律法规，我国目前已形成了一系列与水产养殖产品质量安全有关的管理措施和制度体系，其中主要包括水产养殖证制度，水产养殖用地和用水规划保护制度，水产苗种生产管理制度，水产养殖用药监管制度等。相关法律有效地执行和制度有效地运行，对加强水产养殖产品质量安全管理，促进水产养殖业的发展和保障渔民权益发挥了重要的作用。

（3）我国水产养殖产品质量安全标准、认证体系现状

1990 年，原国家技术监督管理局批准成立全国水产标准化委员会。多年来，水产标准化委员会与各级渔业行政管理部门、科研单位和生产单位共同努力，在水产标准制定、宣传、培训、推广实施等方面做了大量工作，为推进水产健康养殖做出了很大的贡献。水产标准体系，是在一定范围内相互联系、相互制约的一系列水产标准的集合体。水产品质量安全标准体系是水产品质量安全政府规制的重要支撑，是规范和统一水产品生产经营管理行为的技术依据。我国水产标准体系按照标准级别分为：国家标准、行业标准、地方标准和企业标准。自 1971 年发布第一项水产标准以来，截至 2009 年 7 月底，我国已制定水产国家和行业标准 804 项，其中包括淡水养殖标准 185 项，海水养殖标准 65 项，无公害食品（渔业）标准 70 项，同时各地以养殖为主的地方标准数量已达到 1 126 项，还有 275 项地方标准正在制定中。目前，我国已初步建立了以国家标准、行业标准为主体，地方标准、企业标准相衔接、相配套的水产标准体系。

水产养殖标准推广工作主要包括技术咨询、组织培训、印发标准化宣传材料、标准化示范区建设及无公害渔业产品认证等方式。水产标准化委员会协助农业部渔业局开展了多次养殖相关标准培训活动，及时向渔业质检单位宣传检测方法标准，各地也积极利用各种方式加强渔业标准化工作。自 2004 年以来，全国累计举办了近万期以渔业标准化为主要内容的培训班，培训人数达百万人次，编印了 350 万份渔业标准化宣传材料。到 2009 年，全国建有国家级渔业标准化示范区 191 个，省级示范区 608 个，示范面积累计达到 1 100 万亩。同时，无公害渔业产品认证工作有力地促进了无公害渔业产品标准的实施，农业部渔业局组织的水产品例行检测有效地加强了检测方法标准的应用。

我国水产养殖领域的认证是农产品质量安全认证的一部分，无公害水产品的认证完全遵照无公害农产品认证的办法，由各级农业行政部门组织展开，认证标准强调从田头到餐桌的全过程质量控制、检查、检测并重，注重产品质量安全。我国开展与水产养殖产品质量安全相关的认证品种有无公害农产品认证、绿色食品认证、有机食品认证、CHINAGAP 认证和 ACC 的 BAP 认证。无公害农

产品、绿色食品是我国根据自身的经济发展水平和市场需求创立的认证品种，其中 China GAP 是在引进 EuropGAP 的基础上，根据我国水产养殖的实际进行了进一步的创新。无公害农产品认证是目前认证最多的一种，采取产地认证和产品认证相结合的基本认证制度。无公害农产品认证工作由农业部农产品质量安全中心、3 个部直分中心及 68 个省级工作机构承担。截至 2009 年 6 月底，全国持有效证书的无公害渔业产品 7 158 个，产量 534.06 吨，约占全国水产养殖和淡水养殖总量的 15%；无公害渔业产品产地 5 833 个，面积 283.26 万公顷，约占全国水产养殖总面积的 43%。无公害渔业产地产品认证在提高水产品从业者质量安全管理意识和水平、带动水产品生产标准化和规模化发展、推动市场准入制度建立等方面的作用日益显现。

（4）我国水产养殖产品质量安全检验检测体系现状

水产品质量安全检验检测体系是按照国家法律法规和有关标准，对水产品的质量安全实施监测的技术执法体系，担负着水产品的质量安全评价、市场秩序监管、促进水产品贸易发展等重要职责。从 20 世纪 80 年代中期开始，按照国家关于加快建立农产品质量安全检验检测体系的有关要求，加强了水产品质量安全检验检测的建设和管理工作。2002 年以来，由农业部投资先后在 31 个省（区、市）建立了渔业环境、病害防治和水产品质量检测中心，进入"十一五"以后，农业部再次投资建立了一批水产品专业和区域性质检中心，进一步提高了水产品药物残留监控能力。从 2003 年起，农业部制定了国家水产品药物残留监控计划，根据国际高度关注、各省常用的原则确定本年度监控的水产品种和药物品种，重点在无公害水产品产地、大中型养殖场、获证产品养殖场和大中城市水产品市场进行抽样，并由通过计量认证的质检机构采用国际通行方法进行检测。截至 2008 年年底，已有 30 余个质检中心建成并承担了国家的水产品药物残留监控任务。

在承担水产品质量安全监控工作方面主要包括：水产养殖产品产地监督抽查、贝类产品有毒物质残留监控及海水贝类养殖生产区域划型、重点水产养殖产品质量安全专项抽查和水产苗种药物残留专项抽查等。自建立水产品检测体系以来，在检测区域、检测品种和累计抽查样品等方面都大大增加，水产养殖产品质量安全检测为健康养殖的推广提供了技术保障。

3.2.2 我国水产养殖产品质量安全政府规制存在问题分析

由于我国水产品质量安全政府规制工作起步晚，加之水产品质量安全问题是一个复杂的系统工程，目前我国水产品质量安全政府规制体系还不够完善，政府对水产品质量安全规制不到位的问题仍比较严重。因此，分析水产养殖产品质量安全的政府规制存在的主要问题，对做好当前我国水产养殖产品质量安全的政府规制工作显得尤为重要。

（1）水产养殖产品质量安全行政管理体制存在的问题

我国水产养殖产品质量安全行政管理体制存在严重问题，这些问题主要表现在以下方面。

第一，渔业行政管理体制和质量安全管理人员配置问题。渔业行政管理机构的职能和管理手段在农业行政体系中存在弱化趋势，渔业行政管理体系在水产养殖产品质量安全管理的职能也在弱化。各地渔业行政管理机构存在政令不畅及贯彻落实难的问题，导致水产养殖产品质量安全管理缺乏统筹规划。我国地方政府管理质量安全缺乏行政执行力。在渔业行政管理机构中，质量安全管理人员配置少，制约了地方水产品质量安全管理规划的科学性和合理性。面对庞大而分散的养殖户，我国水产养殖产品质量安全检测员很难跟踪检测养殖户的生产行为。在国家对质量安全要求提高的同时，工作量自然增大，但是在缺乏激励机制的情况下，不少管理人员缺乏创新管理方式和投入工作的热情，从而影响了水产养殖产品质量安全的提高。

第二，水产养殖产品质量安全存在多头管理现象，部门之间缺乏协调。水产养殖产品质量安全每个环节的工作同时受到不同部门的管理其沟通协调的成本高，并且难以形成协调配合、运转高效的管理机制。根据鱼类所处的水环境不同，江河湖泊归环保部门管，海水归海洋部门管；鱼类养殖规划、指导、生产等归农业部门管；养殖中使用的渔药又归口兽药部门管理；进入流通消费领域，则涉及工商、卫生、检验检疫、食品药品监管等部门；有关水产品检测标准的制定，还需质量技术监督部门参与。各部门职责分工不明确，带来管辖权的混乱和重叠，各个部门之间职能交叉的现象比较严重，并且会导致执法标准的不统一，工作出现问题时互相推卸责任。由于跨行业管理，导致养殖生产和渔药市场秩序混乱。在水产养殖产品质量安全管理过程中，政出多门，且职责或职能存在重叠、交叉或者空白，管理重复和重复抽样检测现象普遍存在。这种多头管理，职能混乱的管理模式，给我国水产养殖产品质量安全的提高带来了制度困难。

在养殖过程中，水产养殖业者为了增加利润使用较多的违禁药物，政府部门缺乏管理。渔药生产商为了自身的利益将违禁药品改头换面进行销售，饲料厂商为了提高饲料销量添加大量抗菌药物等等。药品的管理出现了工商、畜牧、渔政等多家管理，多家都不管的局面。水产养殖过程中安全控制技术不健全，缺乏必要的质量管理规范、技术操作规程和检测手段，不能有效地对涉及水产养殖产品质量安全的渔业水域环境、苗种生产、渔药使用、饲料喂投等环节进行管理和检测。随着环境污染的加重、渔药的大量使用和滥用，养殖过程中没有建立完善的操作规范，水产养殖产品质量安全问题越来越多，导致人类食用水产品中毒和水产品贸易争议事件时有发生。

（2）水产养殖产品质量安全法律法规体系存在的问题

我国水产养殖产品质量安全法律法规体系虽然已经初步形成，但是，从水产品质量安全建设角度看，有法可依的目标还远没有实现。我国水产养殖产品质量安全管理的法律法规体系仍然存在问题。相关问题主要集中表现在以下方面。

第一，法律法规体系存在着缺乏完整性、系统性，可操作性差的问题。我国的水产养殖法律法规比较狭窄，我国还没有生产责任方面的法律法规。从渔业角度而言，现有的相关法律法规不仅不完善，而且存在操作性差、依据性差、约束性差等问题，导致水产品质量安全监督管理的效率低下，与之面临的任务极不适应。也没有关于质量安全问题发生源头生产阶段的法律法规体系，而这正是水产养殖产品质量安全问题最容易发生阶段，经常会出现违禁药物等投入品的使用。水产部门缺乏有效的预警、监督、管理和惩戒机制，未能形成一张涵盖和统领水产品安全整个生产流程的监督管理网络[①]。

---

① 黄家庆．我国水产品质量安全管理的现状、问题和对策．中国水产，2003：（7）：37－38.

第二，一些法规罚则或者处罚力度不够，违法者法律风险低，执法力度有待加强。违法者被发现的概率一方面取决于政府对生产者行为的监管；另一方面取决于消费者的监督。作为水产品的消费者，由于不能根据观察得知水产品的质量安全水平，因此无法判断自身权益是否受到损害。即使消费者发现自身权益受到损害，但是高昂的举证成本、诉讼成本也使其在衡量成本与收益后放弃诉讼，这自然就降低了违法者被发现的概率。即使违法者被发现，由于我国对于违反法律法规而导致水产品质量安全问题的处罚是比较轻的，即使发现违规现象也不依法执行，使一些违法者有恃无恐，不能通过让生产经营者承担极高的违法成本来促使他们遵纪守法。

（3）水产养殖产品质量安全标准化和认证工作中存在的问题

我国水产标准化由于受行业的科技水平不高、投入的资金有限以及开展工作时间不长、经验缺乏等客观因素的影响，还存在许多困难和问题。现行的水产标准体系虽然具有一定的框架，但是这个标准体系与国际标准相比存在很大差距。一方面，许多地方主管部门对水产标准化的重要性、必要性认识不足，水产标准化工作力度不够，许多水产标准化的成果没能被广大生产者掌握和利用；另一方面，由于水产行业的组织化程度低，养殖生产者的科技文化素质也较低，因而水产行业的生产企业与生产者的标准意识还比较淡薄，自觉应用标准的比例小。这导致现行的水产标准滞后，创新不足，难以满足水产生产和管理的需要。养殖技术标准适用性较差，渔业标准示范区的后续管理还不到位。对水产品质量安全限量、检测方法、质量安全管理等的基础研究不全面，致使一些标准的安全限量、休药期等技术指标制定缺乏科学依据，水产养殖产品质量管理工作落后。

在农产品质量安全认证领域，我国在认证体系的建设和运行机制取得较大的成果，认证的行政体系和工作框架也已经初步确立。但是，由于我国的水产品质量安全认证起步较晚，存在着认证缺乏客观公正性、认证体系缺乏完整性、认证后的水产品生产监管不够、认证知识的普及不足和认证与国际接轨程度差等问题。产地认定和产品认证工作脱节，产品认证严重滞后于产地认定。各级工作机构的优势未能真正发挥，一些本应在产地认定环节解决的过程控制问题不能得到有效解决，都集中到产品认证和最终产品检测环节，使认证的风险性增加。我国水产品安全认证的数量不如其他农产品多，加上我国水产品生产者存在严重的道德风险问题，这导致我国很多水产品即使经过认证，也有质量安全问题，这与我国认证制度和体系不完善有很大的关系。

（4）水产养殖产品质量安全检验检测体系存在的问题

从 20 世纪 80 年代开始我国就着手规划和建设水产品质量安全检验检测体系，并且开展了一系列的水产品质量安全检验检测工作，取得了一定的成效。但是从总体上看，我国水产品质量安全检验检测体系建设仍然存在体系不够健全，检测机构数量不足、检测能力较弱，抽检的范围和样本的力度不够，监测仪器设备陈旧、专业技术人才也较缺乏。基层质检机构力量薄弱，在一些面向广大市场急需的地市级和县级基层综合性水产品质检机构几乎是空白，基层水产养殖生产区域水域环境监测机构不足，监测参数不全，监测频率不够，养殖水域环境监控工作难以正常开展，缺少对质量安全的考虑。水产品质量安全检验检测技术和设备落后，为水产养殖生产者的道德风险行为提供了有机可乘的条件，从而从整体上降低了我国水产养殖产品质量安全问题。

我国水产品质量监督检测体系的建设起步较晚，相应的实验室配套和水产品质量监督检测网络的形成尚需一个过程，监测队伍的整体素质不高，手段乏力。过去，我国渔业政策重数量、轻管理，在水产品质量安全方面的研究投入和监督都比较少，水产品质量安全方面的研究不到位，特别是渔用药物安全限量合理和检测的基础性研究工作几乎空白，不能提出药物使用方法。目前存在抽测品种少、范围窄、频率低、监管无力的问题。许多监测指标也因资金、技术、设备、仪器等原因，不能或无法检测。

3.3 上海市水产养殖业发展、政府规制现状及其问题分析

3.3.1 上海市水产养殖业发展现状分析

上海市地处长江出口，东临黄海、西依大陆，境内有吴淞江、黄浦江水系，

气候温和，水资源丰富，具有良好的港口条件，对发展渔业亦属得天独厚[1]。上海市渔业一直比较发达，改革开放以来，上海市渔业坚持以养为主的发展方针，结合本地区的特点，不断深化渔业经济体制改革，提高广大养殖户的积极性，依靠科技进步，发展特种水产养殖，养殖业生产力水平大幅提高，养殖户收入不断提高。

　　上海市渔业包括水产养殖业和捕捞业。在捕捞业中，以海水捕捞为主、内陆捕捞为辅；在养殖业中，以淡水养殖为主、以海水养殖为辅。2009 上海市水产品总产量为 338 574 吨，捕捞产品产量 165 284 吨，养殖产品产量 173 290 吨。上海水产品总产量中，养殖产量的比重从 1994 年的 43.61% 上升到 2005 年的56.68%，如表 3 - 1 所示。但是 2005 年以后一直到 2009 年，上海市水产养殖产量所占比重低于捕捞产量，出现这种情况的原因，一方面是上海市渔业行政管理部门为提高水产养殖产品质量安全，加强对污染水域整顿导致养殖水域面积逐年减少；另一方面，上海市城乡一体化的发展，也导致养殖水域面积的减少。在水产养殖业中，1998 年以来，淡水养殖占总水产养殖的比重一直在 98.5% 以上。

表 3 - 1　上海市渔业产业发展状况　　　　　　　　　单位：吨

年份	水产品总产量	养殖产量	捕捞产量	养殖产量比重（%）	捕捞产量比重（%）
1994	270 413	117 916	152 497	43.61	56.39
2000	288 682	161 122	127 560	55.81	44.19
2004	344 105	207 266	136 839	60.23	39.77
2005	353 539	200 032	153 506	56.58	43.42
2006	387 513	186 857	200 656	48.22	51.78
2007	320 000	159 830	160 170	49.95	50.05
2008	368 982	172 887	196 095	46.86	53.14
2009	338 574	165 284	173 290	48.82	51.18

资料来源：上海市水产统计资料汇编。

　　改革开放以来，上海市农业结构不断调整和变化，在进行农业结构调整过程中，上海市各郊区把水产养殖放在重要的地位，在政策、资金等方面加大了

---

[1]　顾惠庭. 上海渔业志. 上海：上海社会科学院出版社，1998.

对水产养殖业的投入。为提高水产养殖产品质量安全，上海市渔业行政管理部门加大对养殖业基础设施建设。近年来，由于工业化和城镇化发展的需要，上海市水产养殖总面积有所减少，但是名特优水产养殖产品养殖面积进一步扩大，产量逐年增加，虾蟹类养殖呈现良好发展势头。上海市名特优水产养殖产品主要分为鱼类、虾类和蟹类，还有少部分贝类以及其他产品，如表 3 - 2 和表 3 - 3 所示。

表 3 - 2　上海市水产养殖产品产量分布　　　　　　　　单位：千克

年份	鱼类产量	虾类产量	蟹类产量	贝类产量	其他
2000	134 748	16 314	5 343	1 023	1 232
2001	143 888	29 649	7 909	1 170	1 813
2002	149 834	38 785	10 770	1 166	1 533
2003	145 372	51 142	14 968	835	2 510
2004	135 315	52 214	15 105	683	1 720
2005	122 786	60 368	13 987	708	28
2006	110 041	59 166	16 080	301	1 269
2007	92 330	53 536	13 097	276	556
2008	98 716	57 630	15 672	264	562
2009	97 685	49 874	16 385	235	1 105

资料来源：上海市水产统计资料汇编。

表 3 - 3　四郊区县水产养殖产量分布　　　　　　　　单位：吨

年份	金山区产量	崇明县产量	奉贤区产量	青浦区产量
2000	8 303	43 725	20 434	32 058
2001	10 221	51 032	27 407	35 600
2002	12 231	54 501	31 390	37 965
2003	14 630	58 131	35 981	37 622
2004	14 454	58 308	29 973	36 642
2005	14 876	53 622	37 531	34 860
2006	15 572	55 802	34 456	26 715
2007	15 394	47 398	30 906	27 719
2008	14 489	53 691	32 114	24 586
2009	14 271	50 788	27 330	23 235

资料来源：笔者调研整理获得。

上海市郊区农村，民间素有淡水养鱼传统。上海市各区县中，闵行区、嘉定区、宝山区、浦东新区、奉贤区、松江区、金山区、青浦区和崇明县均有水产养殖业布局。据上海水产技术推广站统计，上海市郊区各区县养殖户总数为11 700 户左右。主要分布在奉贤区、青浦区、金山区和崇明县，其他各郊区数量少于 700 户。奉贤区、青浦区、金山区和崇明县养殖户总数占上海养殖户总数的近 90%，本研究选取奉贤区、青浦区、金山区和崇明县水产养殖户为调查区县。因此，有必要分析奉贤区、青浦区、金山区和崇明县四个区县水产养殖业的发展情况。

上海市各个郊区县都有自己优势的名特优水产养殖品种，奉贤区主要以南美白对虾为主，青浦区以常规鱼类与南美白对虾为主，金山区以南美白对虾与罗氏沼虾为主，崇明县以常规鱼类和蟹类为主。

3.3.2 上海市水产养殖产品质量安全政府规制现状及其问题分析

上海地区可供水产养殖的江河湖泊水面面积 77 万亩，年产各种养殖鱼虾贝类达到 15 多万吨。由于都市型渔业的发展，水产养殖是当前迫切需要的一个行业[①]。为此，必须提倡科学养殖、绿色养殖，推进水产养殖技术的进步，提高水产养殖产品质量安全。上海市除遵循国家规定的法律法规、标准、认证和检测制度的基础上，还结合本地实际情况，制定了相关的地方性法规，尤其是档案渔业制度的建立，从制度上保证水产养殖产品源头的质量安全。

2001 年上海市制定了《上海市食用农产品安全监管暂行办法》，对水产品安全起到了地方性规制作用。上海市水产养殖发达的郊区县都编有《××区农产品质量安全工作法律法规汇编》，包括有关水产品质量安全的法律、行政法规、部门规章及规范性文件。郊区县农委水产办和水产技术推广站都会执行相关政府规制措施，以确保本区县水产养殖产品质量安全。上海市渔业主管部门积极推进水产标准化工作，努力提高本地区水产养殖产品质量安全。在市政府召开的推荐农业标准化工作会议上颁布了《安全卫生优质养殖水产品标准》、《安全

---

① 范守霖. 水产养殖员（初级）. 北京：中国劳动社会保障出版社，2006.

卫生优质水产品养殖操作技术规程》，各个郊区也积极组织水产标准的制定和推行，如崇明的蟹类养殖县级地方标准。2004 年上海市水产办制定了《推进本市档案渔业（水产养殖）建设实施意见》，建成了档案渔业四级网络管理体系，纳入管理的共 10 个区县、98 个镇乡、养殖户 8 000 户左右，完成了全市持有养殖证的水产养殖面积档案渔业管理。2009 年，上海市水产行业协会发出《关于试行食用养殖水产品"准出"制度的通知》，实施本市食用养殖水产品"准出"制度试点。

上海市各郊区县渔业行政部门具体相关措施包括：第一，水产养殖产品日常抽检。定期开展水产养殖产品质量安全抽查活动，检查水产苗种场和养殖场的生产用药等情况，从源头上将水产养殖产品药物残留各项指标控制在安全范围之内，以实现水产品的消费安全。第二，水产养殖产品质量安全执法检查。定期开展水产品质量安全执法工作，重点监督检查水产苗种生产的合法性、养殖生产单位的饲料、渔用药品等投入品的使用情况以及生产日志的记录情况等，坚决杜绝无证生产、非法用药行为，督促水产养殖场、苗种生产单位加强生产管理，防止不合格水产养殖产品流入市场。第三，建立水产养殖产品质量安全监管体系。建立水产养殖业档案网络，积极开展水产养殖产品质量安全网络监管试点推广工作；建立渔业水域环境监测制度，定期对养殖用水进行监测，重点对标准化水产养殖场的水质进行检测。第四，建立食用养殖水产品"准出"制度。各区县养殖企业参与了上海市食用养殖水产品"准出"制度试点工作。第五，组织质量安全培训。针对水产养殖从业人员，举办水产养殖产品质量安全培训班。第六，质量安全宣传。区县组织媒体宣传水产品质量安全，印制《水产养殖质量安全管理制度》、《渔用饲料使用管理制度》、《渔药使用管理制度》等水产品质量安全宣传材料，发放给水产养殖业从业人员。

2009 年，上海市渔业行政管理部门组织抽检 18 次，抽检 611 个样本，仅仅抽出一例不合格，合格率为 99.8%。2010 年农业部对上海市地产水产品抽检，80 个样品中有 5 个不合格，情况不容乐观。2010 年，上海市渔业行政管理部门共抽检 661 份水产品，抽检 364 个次，占全市水产养殖场总数的 52%。661 份水产品中，例行检测 509 份，专项检测 128 份，增殖放流 24 份。3 例抽检不合格，合格率98.5%。可见，上海市水产养殖产品质量安全问题还有待政府部门重视。尤其是在养殖户层面，政府的公共服务水平不到位，导致很多养殖户不知道政府质量安全方面相关的政策和公共服务。

为了进一步提高水产养殖产品质量安全水平，2008年上海市下发了《关于印发上市档案渔业村级网络建设试点工作方案的通知》，开展了村级档案渔业网络建设的试点工作，在奉贤区奉城镇和青浦区练塘镇进行试点。2009年上海市的档案渔业三级网络进入了常态化管理，同时，在四个区县开展村级档案渔业网络建设的试点和扩大试点工作，以购买服务的形式建立村级监管队伍，指导和监督养殖户建立完整的档案渔业和用药记录制度，传递生产、市场和鱼病信息，形成了市、区、县、村四级水产品质量安全监管网络。2009年水产品村级监管覆盖面积达到10万亩，遴选了177名村级水产监管员，并对其任职公示、业务培训，考试合格后持证上岗。2009年4月，上海市水产办公室为进一步推进水产养殖健康发展，编制并实施《上海市标准化水产养殖场管理规范》。2010年，进一步推进村级档案渔业网络建设工作，这项工作已经在青浦区、奉贤区、金山区和崇明县相关镇村进行了扩大和推广。

上海市水产养殖档案渔业管理主要是对上海市水产养殖业者的养殖生产过程建立信息库，进行数字化监控，做到有据可循，有案可查。信息库包括养殖户的养殖许可证、养殖品种、放养数量、饲料投喂、药物使用等数据。建立由数据采集、处理、传输及网络组织的档案渔业管理系统。通过该系统，政府渔业行政部门及时了解全市的水产养殖现状、加强对水产品养殖过程的监控，完善监管体系，规范养殖户的养殖管理，加以引导，保障水产养殖产品质量、增强产品市场的竞争力。上海市档案渔业网络在完善市、区县、乡三级档案渔业管理网络同时，开展了村级档案渔业网络建设的试点，从组织上加强了上海市渔业档案管理。上海市、区县、乡镇、村级四级网络体系如图3-1所示。

村级档案渔业网络建设工作必须得到村级水产监管员的配合才能顺利实施。市级和区县级水产品质量安全管理人员先给村级水产监管员培训，培训的主要内容是要求村级水产监管员正确填写《水产养殖生产日志》和《水产养殖生产及用药记录》两张表格，这两张表格包括水产养殖者养殖生产全过程。水产监

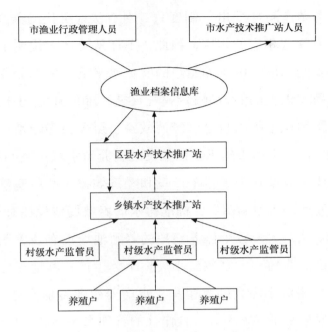

图 3 - 1　上海市水产养殖业档案管理模式

资料来源：上海市水产技术推广站

管员的工作对水产养殖产品质量安全起到很大的作用，因此，上海市渔业行政管理部门建立了村级水产监管员职责制度，其中明确规定水产监管员的管理范围、管理职责和工作要求，并每个月给予村级水产监管员一定的工作报酬，从经济激励的角度确保了水产监管员工作的开展和实施，确保了水产品质量安全监管工作重心直接延伸到生产第一线。因此，遴选聘任村级水产监管员是非常重要的工作。

在有组织的网络政府规制模式下，上海市水产养殖产品质量安全取得了巨大的成就。上海市渔业行政管理部门加大了对水产养殖产品监管力度。上海市有效开展水产养殖科技入户活动，通过媒体宣传、发放宣传资料，举办培训班，提高了养殖渔民科学养殖能力，水产健康养殖理念正在为很多养殖户所接受。除此之外，2009 年上海市渔业行政管理部门经过与相关保险公司协调，降低了水产养殖保险费用，促进了养殖保险工作的开展。上海市渔业行政管理部门相关工作有力地促进了水产养殖产品质量安全程度的提高。

但是，由于上海市郊区县水产品抽检人员能力较弱，上海市水产品抽检的样本过低，水产养殖产品"准出"制度只针对有法人资格的养殖企业，对个体养殖户的产品没有规定相应的制度，因此，不能从总体上说明上海市水产养殖产品不存在质量安全问题。由于养殖户的文化水平低，大部分养殖户在掌握质量安全新技术、新知识上的能力远远不够，在接受市场信息上比较保守，更谈不上运用市场经济知识来提高自己的经济效益，至今很多养殖户仍然采用传统的养殖和销售的方法。上海市的工业比较发达，养殖水域污染问题仍然很严重，养殖水域不断缩小。养殖户为了追求产量和经济效益，乱用违禁投入品现象仍有发生。水产养殖业基础设施落后，标准化水产养殖场建设还有待进一步完善，渔业设施不是很发达，大多数个体养殖户的养殖池塘没有装置增氧机、自动投饵机和水泵。郊区的养殖户大多数是小规模个体生产，其地点分散，水产养殖业组织化程度低，相对于庞大的养殖户，水产养殖业专业合作社组织数量少，各种水产合作社发展水平参差不齐，合作社的管理水平不高。相比其他农产品，上海市水产养殖产品无公害认证程度不高，影响到水产养殖产品质量安全信息的流通和采集。从上海市农产品质量安全网上资料获知，2009 年获得无公害认证的个人、水产养殖合作社或者公司，仅占总的无公害认证农产品的 16.32%。

值得一提的是，上海市水产养殖合作社的组织方式遵照国家《农民专业合作社法》的规定，按照养殖渔民自愿、自治和"四民"（民办、民有、民管、民受益）管理的原则，创立养殖渔民土地经营权入股、企业资金投入、科技人员参与、惠农政策扶持的经营组织方式。水产合作社的组织经营模式主要有 4 种：龙头企业 - 合作社 - 养殖户、合作社 - 基地 - 养殖户、合作社 - 养殖户、专业协会 - 合作社 - 渔业经纪人 - 养殖户；其中以合作社 - 基地 - 养殖户、合作社 - 养殖户、专业协会 - 合作社 - 渔业经纪人 - 养殖户[①]为主。上海市水产合作社经过数年的实践，在提高养殖产量和增加养殖户的收入方面取得了一定的成效，在提高水产养殖产品质量安全方面，也有一定的进步。水产合作社有利于养殖户通过合作社的平台参与农业部无公害和绿色水产品的认证，有利于打造品牌水产养殖业，也有利于政府对水产养殖产品的质量安全监管。政府可以

---

① 上海市郊区经济促进会课题组. 推进农业经营体制创新，发展农民专业合作社. 上海农村经济，2010 (7)：31 - 35.

利用水产合作社的平台，实施对水产品生产、加工过程的全面监管。

目前，上海市水产养殖合作社发展较快，但是相对庞大的养殖户，上海市水产养殖生产方式主要以一家一户为主，实行家庭承包责任制，养殖户生产的水产品主要由自己寻找买家，水产养殖业还没有形成一个完整的经济联合体。通过对上海市四个区县调查，上海市渔民合作组织化程度很低，渔民合作组织种类单一，主要以水产养殖合作社为主，只有少数几个协会型的组织。近几年由于政府的政策引导，如上海市渔业行政管理部门设立专项合作社补贴资金，对于成立水产养殖合作社的生产给予一定的补贴。因此，很多原来的养殖企业纷纷改制成合作社，实行"公司＋农户"的经营模式，实行产供销统一管理，这种被称为"紧密型"合作社；还有一种是由周边数个养殖户自发组织在一起，池塘是水产养殖户自己的，在投入品方面，由水产合作社统一管理，但是在生产和销售方面，由水产养殖户自行解决，这种被称为"松散型"合作社。合作社的成立对于广大养殖户参与无公害水产品的生产起到了积极的作用，合作社能够在技术知识、养殖质量安全问题沟通方面形成合作力量，也能够得到相关政府方面的养殖资源，从而为广大养殖户提高产品质量意识和经济效益方面发挥了一定的作用。如表3-4所示。

表 3-4 2005 年与 2009 年四郊区县水产合作社组织数量比较

年份	金山区	崇明县	奉贤区	青浦区
2005	1	21	17	9
2009	24	200	60	36

资料来源：笔者调研。

水产合作社在发展过程中还存在一些困难和问题，主要表现为：第一，上海市政府出台的扶持专业合作社发展的若干政策意见尚未完全落实，合作社发展的外部环境有待进一步改善。比如面对合作社的渔业保险险种少、覆盖面小、理赔率低；吸引大中专毕业生到合作社工作刚刚启动，在合作社从事劳动的职工的劳动保障制度还没有建立；对特种水产类的种源生产补贴还没全部覆盖，政府财政支渔资金扶持力度很小。第二，区、镇两级政府管理合作社的力量不够，部门之间配合不够。目前，在镇级层面，管理水产方面的干部和人员配备都很缺乏，从事水产技术推广的科技人员也很少，造成水产科技指导服务不到位、不下去了解情况、解决水产养殖产品质量安全问题不及时等状况。第三，水产合作社内部机制不完善，自身建设方面还有待进一步加强。合作社成员之间利益联结机制没有完全理清，合作社治理结构也不够完善，合作社技术装备薄弱，造成合作社的水产养殖产品质量安全缺乏完全的保障。

对无公害农产品，农业部有一系列标准要求，包括产品质量、环境、投入品等方面（具体标准见附录二），具体的检测项目、检测方法也根据相应的标准要求来进行。上海市无公害水产品认证采用国家统一规定的管理办法，对水产合作社、企业和养殖户提出认证申请的给予受理。无公害农产品认证不收费，需要负担的仅为产品检测和环境检测的费用。目前，就上海的情况来说，环境检测的费用由上海市农产品质量安全认证中心帮申请人支付，产品检测的费用由申请人自己支付。上海市各区县对通过无公害农产品认证的合作社一般都有相应的补贴，补贴金额在几千元到一万元不等。一般来说，对于提出申请的养殖业者，由区县农业综合服务中心的认证人员联合质量安全水产品检测员，一起到产地进行材料审核、现场检查、产品检测、环境检测和评价几个环节之后，由上海市农产品质量安全认证中心将申报材料装订成册上报至农业部农产品质量安全中心渔业产品认证分中心，分中心审核通过后报农业部农产品质量安全中心，农业部中心再进行材料审查和专家评审，通过后向申请人颁发《无公害农产品证书》。产地认定和产品认证是同时进行的。申请人在经过材料审核、现场检查、环境检测和评价几个环节之后，上海市农产品质量安全认证中心就可以向市农委申请颁发相应的《无公害农产品认定证书》。产地证书和产品证书有效期均为三年，到期前90天申请人可以提出换证申请。

另外，上海市各郊区县、乡镇渔业行政部门每年会面向广大养殖户举办养殖技术培训，其中也涉及质量安全方面的技术培训。一般来说，由各郊区水产技术推广部门或者镇农业技术服务中心负责具体的培训事项，通过聘请水产养殖的专家讲课或者发放宣传册，以提高广大养殖户的质量安全意识和健康养殖理念。上海市渔业行政部门为降低水产养殖户的经济风险，对水产养殖户给予较优惠的政策性渔业保险。但是，上海市针对水产养殖户的政府补贴制度不完善，在整个农业政府补贴体系中，没有针对个体养殖户的政府补贴。上海市相关政府部门，为提高养殖水产品质量安全程度，每月都会指派水产检测人员到各个养殖基地抽检，一旦抽检到不合格的产品，会联合农业执法大队，对相关养殖户给予违规养殖的处罚。

3.4 上海市水产养殖产品质量安全政府规制对养殖户影响的现状分析

现代水产养殖户不仅要面对市场经济的影响，而且还要面对政府规制等政策的影响。养殖户作为农民的一个特定的类别，其从事水产养殖活动，从某种意义上讲是一种生产经营活动，即在特定的环境下实现利益最大化而进行的综合性活动，养殖户根据现有的生产要素和政府政策方向，选择合理的养殖资源配置，做出生产投资决策，进行水产品生产和交易等活动。通过对上海市养殖户问卷调查，我们发现养殖户专业化或者兼业化程度较高，养殖户追求养殖收益最大化。

水产养殖产品质量安全是政府、鱼类养殖者和消费者应共同承担的责任，FAO强调水产养殖部门应在适当的场合按照 HACCP 系统的原则实施养殖管理计划。但是 FAO 研究小组认为，这些措施对于小规模的养殖户并不是很实际，尤其是自给性的水产养殖者。在我国水产养殖户的商业化程度较高，我国水产养殖产品质量安全政府规制措施相继出台和执行，给养殖户造成了多大的影响，很少有学者从定量的角度来研究这个问题，这些影响的现状是值得探讨的。这些政策对养殖户的水产品质量安全的提高是否有很大的促进作用？这需要我们从实证的角度来回答。另外，水产养殖产品质量安全政府规制措施的执行对养殖户从事水产养殖业的经济效益影响如何？这也需要通过对养殖户进行调研，并实证分析才能做出进一步明确的回答。

无公害农产品认证，是"无公害食品行动计划"实施的重要组成部分，是农产品质量安全管理的重要推进措施，是一项事关百姓健康的民生事业，已经成为农产品质量安全工作的一项新任务和新要求。无公害水产品认证作为水产养殖产品质量安全政府规制的一部分，对提高我国水产养殖产品质量安全具有很大的作用。按照水产品的大分类，可以发现我国无公害水产品认证的种类有30多种，每个大种类都有明确的适用卫生标准①。无公害水产品生产要求符合产地环境条件、投入品适用执行标准和严格质量控制和技术操作规程。养殖户要使得其养殖的水产品成为无公害水产品，必须经过农业相关的行政主管部门组织实施的产地认证和产品认证。产地认证是产品认证的前提和条件，产品认证是在产地认证的基础上对产品生产过程的一种综合考核评价。

对于水产养殖业者的无公害认证产品检测要收取一定的费用，每种产品检测一次2 000元，检测的产品重量一般在3千克左右。因此，无公害认证一般不会在很大程度上增加养殖成本。养殖业者只有通过产地认证和产品认证，才可以申请其产品成为无公害认证产品。通过笔者的现实考察，这种产地认证和产品认证程序给要申请无公害水产品认证的养殖业者造成了很大的麻烦。即使获得无公害认证资格的养殖业者，由于外部环境的限制，无公害产品标签实施非常困难，导致产品很难形成优质优价。据笔者调查，大多数养殖户的产品都是由水产品经销商收购。只有少部分加入合作社的养殖户的产品由合作社统一销售，进入超市或者高档的餐饮部门，这些水产品能够获得较高的价格。从我们的调查结果可以发现，在无公害认证养殖户中，有78.2%的养殖户认为无公害水产品与普通水产品难以区分，对提高销售收入没有帮助。但即使这样，广大养殖户还是对无公害认证水产品生产表现出很高的积极性，90.5%养殖户认识到无公害认证养殖是有意义的，并且认为这是一种趋势，有86.7%的养殖户表示在今后水产养殖生产过程中，愿意从事无公害认证水产品的生产。我国政府规定养殖户自愿决定是否申请其生产的产品成为无公害认证产品。目前上海市大约有50多家合作社通过无公害认证，其中有一半以上是属于松散型管理的合作社，在这些水产合作社中有10~20家由养殖户自发和政府资助申请成立，水产合作社对周边的养殖户生产能够带来一定的帮助作用，水产合作社在提高养

---

① 肖光明，江为民，邓国雄. 无公害农产品认证手册. 长沙：湖南科学技术出版社，2009.

殖户安全健康养殖方面起到了一定的帮助作用。

上海市水产合作社的发展对周边养殖户的生产起到了帮扶的作用，能够在生产苗种、渔药等投入品给予加入合作社实行统一管理。但是，我国农民合作社的发展带有很强的行政指令性，调查过程中发现，是否加入合作社，养殖户有自己的意愿，但是很多养殖户想加入当地的合作社，由于自身各种条件的限制，不能如愿加入合作社。只有加入合作社的养殖户才能在生产的投入品和产品销售方面带来一定的好处，个体分散养殖户完全靠自己有限的条件从事养殖业，不利于其产品质量安全的保证和经济效益的稳定，生产的风险也较大。目前，上海市没有针对养殖户的生产补贴，政府资金补贴只下达到合作社这个层面，合作社内部如何分配政府的资金，个体养殖户不得而知。对于是否购买养殖业政策性保险，也是养殖户自己的意愿。调查过程中发现，加入合作社的养殖户购买渔业保险的意识比较强，而个体养殖户一般不会购买养殖业保险。如表 3–5 所示。

表 3–5　上海市各郊区县水产养殖业发展情况

区县	养殖户总数/个	池塘总数/个	实际养殖水面积/亩	乡镇总数/个
宝山区	19	143	1142.3	3
崇明县	2 333	3 508	45 896.6	11
奉贤区	3 806	11 630	64 273.9	10
嘉定区	127	688	4 874.1	8
金山区	642	2 651	19 641.6	11
闵行区	3	20	195.9	1
南汇区	201	841	15 278.5	12
浦东新区	59	362	1 912.3	9
青浦区	1 986	5 310	50 575.8	11
松江区	209	1 376	10 910	14
合计	9 385	26 529	214 701	90

资料来源：上海市水产技术推广中心提供（2009 年）。

通过对上海市水产养殖户质量安全生产行为的问卷调查，从中可以发现水产养殖产品质量安全政府规制对养殖户影响的现状及其存在的问题。

第一，水产养殖产品质量安全政府规制措施对很多养殖户来说还非常陌生。很多郊区的分散个体专业或者兼业养殖户根本不知道无公害水产品的标志和认证的程序。有些养殖户对安全认证的认识很模糊。不少养殖户甚至不认识无公害农产品、绿色农产品和有机农产品标志。从问卷调查结果可以看出，在样本养殖户中，只有28.07%水产养殖户全部看到过无公害、绿色和有机农产品的图标。尤其是对绿色和有机农产品标志更是陌生，即使是从事无公害认证水产品的养殖户，也有45.6%无公害认证养殖户表示没有见过绿色和有机农产品的图标。另外，在样本养殖户中，有56.3%养殖户表示不了解无公害认证水产品生产的具体标准。

第二，由于水产养殖相关政府部门检测体系的执行，使得大多数养殖户知道政府对违反养殖标准的处罚措施，但是很多养殖户对国家水产品质量安全法律法规不是很清楚，缺乏质量安全法律意识。我们的调查结果显示，虽然上海市各个郊区的水产技术推广部门每年都会举办各类质量安全技术方面的培训，但是水产养殖户对政府的各类涉及质量安全方面的政策不熟悉，83.6%的养殖户表示只知道上海市质量安全方面的法律法规标准，不知道国家有关质量安全方面的政策法规。从总体上看，加入合作社的养殖户对于法律法规了解状况要好于个体养殖户，主要原因是水产养殖合作社要为本社员的养殖户举办一些质量安全法规的培训，以提高质量安全法律知识。

第三，由于养殖户生活在社会底层，虽然相关政府部门制定出很多有关水产养殖产品质量安全政策法规，但是由于没有很好地执行这些政策法规，或者说执行这些政策法规的力度不够，导致养殖户对水产养殖产品质量安全问题认识肤浅。由于养殖户年龄、文化、从业经历等的差异，个别养殖户根本不清楚抗生素会对人体造成伤害，只知道添加了抗生素等药物可以治疗和防治鱼病。而大多数的人则是明知故犯，在经济利益的驱使下违规添加违禁药物。以多宝鱼为例，其养殖条件要求较高，一些人为了获得更大的利益便使用催生药，原本养殖1年才能上市的鱼，用催生药只需要8个月就可端上餐桌。如果养殖密度偏大，鱼在水中容易因碰撞而擦伤。为防止鱼体腐烂，有些养殖户还会用抗生素类药品。因为循环用药，导致鱼的耐药性增强。养殖户为了保证鱼群的成活率，往往不断加大药量，进而导致一般非违禁药品对于养殖过程中出现的各种病害几乎不起作用，所以养殖户只能使用违禁药。由此可见，养殖户经济利益的驱使，使得水产养殖产品质量安全政府规制目标与养殖户行为存在背离，导致水产养殖产品质量安全问题的发生。

　　第四，面对养殖户有很多政府政策落实不到位，养殖户的经济效益也不稳定。虽然水产合作社的成立起到一定的合作力量，但是广大养殖户基本上还是一家一户的生产方式，各管各的，还没有完成投入品和产品销售行政统一管理，因此，不少养殖户认为政府监管效果不明显。从我们对养殖户生产经济效益调查显示，有91.3%养殖户表示最近政府规制政策对其增收减支效果不好，主要是池塘租赁费和饲料费用的增加，导致养殖成本的增加。青浦的常规鱼类养殖平均每亩成本达到1 000多元，养殖户经济效益很低；而奉贤等地虾类养殖户则表示从事虾类养殖经济效益较好，但是由于病害风险较大，导致收益不能稳定保证；崇明蟹类养殖户表示由于养殖技术问题，导致河蟹的产量和规格难以有效控制，从而也导致经济效益难以得到确保。另外，广大养殖户非常希望政府对其从事水产养殖业能够给予渔业机械购置的资金补贴，但是有85.5%的养殖户表示没有获得过政府的资金补贴。只有14.5%的养殖户或多或少得到过政府的资金补贴。对违规处罚和质量安全的监管措施，大多数水产养殖户认为是比较了解的，也认为政府对水产品质量安全的检测比较严格。在调查过程中，笔者发现有9.0%的养殖户还没有获得养殖许可证，并不是他们不想获得，而是村级和镇政府相关服务中心没有给予他们获得的权利，但是其从事水产养殖业已经有一定的时间，这显然是不利于水产品质量安全的提高。广大养殖户对于无公害认证生产表现出了较好的积极性，但是几乎所有养殖户都认为由于技术方面比较难掌握，无公害认证养殖推广很困难。对于政府在水产养殖业该如何发挥作用，从问卷的结果来看，养殖户认为政府主要应该发挥政策引导宣传、资金支持、市场体系的规范、技术指导和安全认证水产品生产基地的申报等方面的作用。

　　这些现象与国际上水产品质量安全要求的趋势是有很大差距的，也说明我国水产养殖产品质量安全政府规制需要进一步的完善。下一步的问题是，我国渔业相关部门该如何制定和有效执行相关规制措施，促进养殖户安全生产水产养殖产品，提高水产养殖产品质量安全的整体水平。笔者将通过实证分析做出更加明确的回答。在具体实证分析之前，笔者根据前期的实践调研，采用案例分析方法对上海市两个郊区下面的镇政府农业技术服务中心的水产养殖产品质量安全管理做比较分析，为了阐述的适宜性及镇政府水产养殖工作人员的要求，笔者对这两个镇采用非实名制分析，案例名称、内容和具体分析如下。

案例：A 镇和 B 镇水产养殖产品质量安全政府管理对养殖户影响

A 镇是上海市某区重点水产养殖镇之一，该镇农业技术服务中心设有水产渔政科，工作人员 4 名，水产渔政科主管该镇的水产养殖和捕捞工作。按照我国相关行政体制，水产渔政科接受区农委、区渔政站、区水产技术推广站和镇政府农业服务中心的直接领导。该镇渔政管理站的工作计划当中，非常注重抓水产品的安全监管服务技术指导工作，重点抓水产养殖安全监管工作。在每年的工作中，做到心中有目标，分工明确，责任分明，工作到位，深入基层，为养殖户做好服务宣传技术指导。每年定期举办水产养殖技术讲座、鱼病防治咨询活动，让养殖户知道科学养虾技术，促进农民增收和增效。要求该镇的养殖户做好渔业档案，记录好生产日志和水产养殖用药记录。该镇水产渔政科每年上半年 3—6 月举办该镇主要养殖品种水产养殖技术质量安全专题讲座，邀请水产养殖专家教授为养殖户传授养殖知识，转变观念，掌握运用先进技术，提高科技水平，管理水平和养殖水平，并要求相关专家教授突出质量安全问题的重要性。由于该镇培训教室设施空间的限制，每次只能给 60 户养殖户培训，该镇每年分 4 次完成水产养殖产品质量安全技术培训，水产渔政科人员积极联系群众，及时提供信息，并对参加培训的养殖户给予一定的物质激励。因此，该镇养殖户质量安全生产意识比较强，提高了广大养殖户的技术素质，健康养殖意识逐渐深入人心，使得养殖户近几年在养殖过程中取得了较好的收获。这些技术培训得到了水产养殖户的赞同。通过对该镇养殖户的问卷调查，发现该镇养殖户质量安全意识较高，该镇养殖户对无公害认证养殖表现出了极大的认同和兴趣，该镇所有的养殖户都参与了水产合作社，总共有 11 个水产养殖专业合作社，在 284 个养殖户家庭中，有 34 个养殖户家庭已经参加了无公害产地产品认证。

B 镇是另外一个区重点水产养殖镇之一，该镇农业技术服务中心设有水产渔政科，工作人员 3 名，水产渔政科主管该镇的水产养殖和捕捞工作。B 镇水产渔政科每年上半年的4月和5月举办该镇主要养殖品种水产养殖技术质量安全专题讲座，会邀请水产养殖相关的专家来传授养殖知识、养殖技术和养殖质量安全培训。但是据该镇水产渔政科工作人员说，很多养殖户根本不来参加所谓的质量安全和养殖技术培训。从对该镇相关养殖户的问卷调查中发现，该镇养殖户质量安全生产意识比较薄弱，对无公害安全认证没有概念，根本不清楚无公害水产养殖产品的标志和相关认证的程序，对无公害养殖也没有什么兴趣，养殖户的养殖效益一般。笔者在与水产渔政科工作人员的访谈中发现，该镇水产渔政工作人员很少联系群众，也很少提供水产养殖产品质量安全培训的信息，更无养殖培训的物质激励措施，该镇也没有养殖户参加无公害水产品认证。

2009年A镇和B镇水产养殖业相关数据如表3-6所示。

表3-6　2009年A镇和B镇水产养殖业相关数据比较

	A 镇	B 镇
农业村劳动力人数	4 889 人	14 845 人
水产养殖业劳动力	714 人	4 200 人
水产养殖业户数	284 户	1 000 户
水产养殖面积	6 499.8 亩	7 362 亩
水产养殖产品年产量	2 517.38 吨	2 715 吨
水产养殖产品每亩年产量	0.39 吨/亩	0.37 吨/亩

资料来源：笔者调研。

案例分析：从公共政策学的角度出发，任何一项政策实施的效果与政策制定和政策执行密切相关，因此，政府工作人员对政策的执行效果具有重要的影响。政策的制定是以实现一定的目标为导向的，政策制定后，必须付诸实施，要经过政策执行，政策执行的下一个环节就是政策评估，政策评估的结果能检验政策是否能够达到原来的目标（如图3-2所示）。为了提高水产养殖产品质量安全水平，完善的政策评估和有效的政策执行都是非常重要的环节，政府部门必须予以重视。另外，由于我国个体养殖户生产行为对水产品质量安全具有重要的影响，政府的政策最终要面对养殖户，因此，政府要多配置质量安全工作人员，加强对水产养殖户安全生产方式的引导、服务和激励，并定期举办安全生产技术培训，给予安全认证生产的养殖户一定的经济补助。

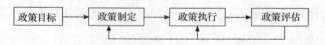

图 3 - 2　政府政策执行模式

资料来源：陈振明. 公共政策学：政策分析理论方法和技术. 北京：中国人民大学出版社，2004.

上海市渔业行政管理部门主要有市、区县和镇农业服务中心和技术推广部门，这些政府部门对水产养殖户从事水产养殖业能够起到引导作用，尤其是直接面向养殖户的区县水产技术推广中心和镇农业综合服务中心的水产渔政站，因此合理配置区县水产技术推广中心和镇的水产渔政站的人员结构，对我国水产养殖产品质量安全政策有效执行能够起到一定的作用。通过上述两个镇水产渔政科对水产养殖产品质量安全工作的执行可以看出，虽然我国水产养殖产品质量安全政策法规在国家、省市级都差不多，但是具体到行政体制的最底层——镇级，由于不同的人员数量和质量安全管理设置、相关工作人员不同工作态度、不同的政策执行方式导致两个镇的广大养殖户不同的质量安全意识和不同的质量安全养殖效果。由此可见，政府规制措施具体执行效果对养殖户质量安全意识和生产行为具有重要的影响。因此，对于政府部门来说，不仅要制定出合理的水产养殖产品质量安全政府规制的措施，而且要有效地执行质量安全政策，为对广大养殖户提供服务，取得广大基层养殖户的认同。

本章小结

本章主要是对我国水产养殖产品质量安全问题现状、产生原因以及政府规制现状和问题做了一个定性的分析。水产养殖业在我国渔业，甚至是大农业中具有重要的地位，近几年爆发的水产品质量安全事件已引起政府、生产者和消费者的高度重视，我国水产养殖产品质量安全问题严重，其中生产阶段是产生质量安全问题的源头。水产品质量安全是一个非常复杂的问题。我国水产养殖产品质量安全政府规制体系不完善，存在多头管理、法律法规执行不力、检测不到位、认证制度还有待完善等问题。鉴于水产养殖的区域性，本章对上海市水产养殖产品质量安全政府规制措施做了定性分析。上海市郊区、县水产养殖业特色明显，由于政府规制措施执行不力，如检测样本偏少、政府宣传教育不到位，导致水产养殖产品质量安全政府规制在养殖户层面问题还很多，不少养殖户质量安全认知程度较低。本章应用案例分析法，分析比较了上海市 A 郊区和 B 郊区镇政府水产养殖产品质量安全管理对养殖户的影响，从而说明在相同的宏观政府规制体系下，不同基层地方政府人员执行的力度和方法不同，带来农渔村养殖户对质量安全问题的认知也不同，从而造成不同的质量安全政府规制效应，以此说明政府规制在养殖户层面的认知问题是不容忽视的。

4 水产品质量安全政府规制对养殖户影响的理论分析

4.1 养殖水产品质量安全信息不对称、养殖户行为与政府规制理论分析

近几年在水产品领域发生的质量安全事件，与我国水产品质量安全政府规制制度不健全有关，归根到底就在于没有解决好水产品供给中信息不对称的问题。因此有必要分析水产品市场存在信息不对称情况下养殖户的行为状况，并从理论上阐述政府规制的政策制定和有效执行的路径。

4.1.1 水产养殖产品的质量安全信息不对称分析

王秀清等（2002）认为食品质量安全属性实际上相当于搜寻品特性、经验品特性和信任品特性的综合。食用水产品作为食品的一类，也兼有搜寻品特性、经验品特性和信任品特性，周应恒（2008）通过表格对食品安全三种属性做了比较分析，这三个特性角度可以解释水产养殖产品质量安全信息不对称导致的市场失灵，从而说明在不同的特性下是否需要政府规制。

关于水产养殖产品外观的搜寻品属性，其信息在生产经营者与消费者之间是对称的，当外观具有市场价值时，生产经营者有积极性主动地、尽可能地改善水产养殖产品的外观。关于水产养殖产品的经验品属性，尽管消费者与生产经营者之间具有事前的信息不对称，但水产养殖产品被消费之后，消费者基本能了解其风味。然而，关于水产养殖产品的信用品属性，在消费者和生产经营者之间则存在严重的信息不对称，比如水产养殖产品的渔药残留问题。首先消

费者不能了解水产品养殖生产过程渔药、饲料等的使用状况，其次除非经过专业人员的专门检测，渔药残留成分和重金属含量是看不见、摸不着，食用后也感觉不到（渔药残留严重超标引起急性中毒情况除外），但却对消费者身体会产生慢性危害。购买时由于受成本限制，消费者不可能对水产养殖产品进行检测。因此，水产养殖产品渔药残留和重金属含量是否超标是目前我国水产养殖产品的消费者与生产者之间面临的主要信息问题。

从水产养殖产品质量安全监管体系方面来看。当前，由于质量安全信息网络建设滞后，导致信息传递效率低下或扭曲失真；水产养殖产品安全信息标志与追踪系统没有建立，信息显示机制不健全等。另外，在各级质量安全监管机构职责分工不明确和各自为政的情况下，使得政府监管效率低下。即使国家通过制定健全的生产经营规范来约束养殖户的行为，在利益的驱使下，养殖户往往会按"折扣标准"生产以降低成本。

下面，笔者将对信息不对称情况下逆向选择和道德风险理论进行阐述，用以说明政府在制定水产养殖质量安全政策时，要充分考虑信息不对称情况下养殖户的行为决策，从而进一步说明政府规制重要性和规制政策方向。

4.1.2　信息不对称情况下逆向选择、养殖户行为与政府规制分析

逆向选择问题来自买者和卖者有关的质量信息不对称。逆向选择是指由于交易双方信息不对称和市场价格下降产生的劣质品驱逐优质品，进而出现市场交易产品平均质量下降的现象。在农产品市场上，由于信息的不对称，市场上会充斥着不安全的农产品，由于水产品的信用品特征导致消费者并不知情，同时，信息不对称情况下的逆向选择现象，也会对农产品生产者行为决策产生重要的影响。在信息不对称条件下，消费者由于缺乏鉴别优劣真伪的有效信息，只能根据市场产品的平均质量水平决定支付意愿，从而导致农产品的生产者选择低劣化的现象[①]。

假定市场存在两种质量不同的水产养殖产品，即优质品和劣质品。当买卖

---

① 李根蟠. 中国小农经济的起源及其早期形态. 中国经济史研究，1998.

双方对水产养殖产品质量安全有着不对称的信息时，如果质量信息是卖方的私人信息，劣质品卖方就极有可能从事机会主义行为，将劣质品冒充为优质品并以较低的价格出售。由于信息不对称，在缺乏必要的手段和途径情况下，买方在有限理性驱使下只会选择以较低的价格购买水产养殖产品，最终致使在市场上两种质量不同的产品按照同一价格出售，从而也就出现了水产品市场上典型的"逆向选择"现象。长此以往，水产养殖产品生产者就会偏离正常的质量、价格、产量之间的平衡状态，形成一种复杂的非线性动态过程，并导致劣质品将优质品逐出市场，水产养殖产品质量安全水平不断降低，这是导致水产养殖产品质量不断下降的根本原因。造成逆向选择的原因主要有以下几个方面：一是交易者的有限理性，也就是说交易者由于个人的知识存量、知识结构等原因对交易的情况及其产品特性不能做出完全准确的判断；二是搜寻精确的信息需要花费成本，而这种成本往往不具有经济性；三是信息的优势方对信息的垄断。由于受自身利益的驱动，信息的优势方会对所拥有的信息进行垄断，甚至对信息的劣势方提供虚假信息，以求在市场竞争中占据优势地位。

假设市场上有两类水产养殖产品：安全水产养殖产品和普通水产养殖产品。其中安全水产养殖产品价格是 20 元，而普通水产养殖产品价格是 10 元，在各自规定的价格水平上，生产安全水产养殖产品和普通水产养殖产品都可以得到行业的平均利润。根据日常消费经验，消费者知道在水产养殖产品市场上安全水产养殖产品所占份额不大，不会超过 30%，普通水产养殖产品所占份额为 70% 以上，那么消费者愿意消费产品的预期价格为：$0.3 \times 20 + 0.7 \times 10 = 13$（元）。预期价格 13 元也就是消费者对于水产养殖产品市场上所有产品愿意支付的平均价格。事实上，如果消费者是理性的，那么在水产养殖产品消费上他愿意支付的价格应该小于水产养殖产品的预期价格 13 元，以期获得一定的消费者剩余。而对于生产安全水产养殖产品的养殖户来说，由于在生产、销售等方面有更多的支出，其生产成本要大于生产普通水产养殖产品的成本，如果以 13 元的价格进行出售，不仅得不到平均利润，还可能连生产成本也难以补偿，因此，一定不会愿意出售；愿意在 13 元以下出售水产养殖产品的，只能是生产普通水产养殖产品的养殖户。但是消费者如果知道自己只能买到普通水产养殖产品，他也只愿意按普通水产养殖产品的价格 10 元付费，均衡价格只能是普通水产养殖产品的价格 10 元。生产安全水产养殖产品的养殖户由于其产品得不到价格上的肯定，优质没有优价而宁愿选择放弃安全水产养殖产品的生产，改为生产普通水产养殖产品，从而导致安全水产养殖产品市场萎缩。安全水产品市场的萎缩无疑会减弱生产者对先进技术的需求，进而影响到社会生产安全水产养殖产品技术的投入；最终导致水产养殖产品市场上供应的全部是普通水产养殖产品甚至是低劣水产养殖产品，安全水产养殖产品被迫退出市场。因此说，随着价格的下降，存在着逆向选择效应：质量高于平均水平的卖者会退出交易，只有质量低的卖者才会进入市场。

质量差的水产养殖产品逐渐把质量好的水产养殖产品驱逐出市场的现象，是由于水产养殖产品质量信息不对称而导致的水产养殖产品生产者和消费者的逆向选择，源于消费者无法有效区分优质水产养殖产品和普通水产养殖产品，对农产品的质量不了解。这种不对称信息情况下的逆向选择会导致水产养殖产品价格和质量的螺旋式下降①。从而对水产养殖产品市场产生严重影响，进而影响到水产养殖业发展。在不对称信息条件下，价格机制将失去市场经济所应具备的效率性，产生了市场失灵。而这种市场失灵提供给广大农户的市场信号正是生产安全农产品将无利可图，从而导致"柠檬市场"的出现。因此，在数量型农业向质量型农业发展的新阶段，要充分发挥市场在农业生产中配置各类生产要素的基础性作用，必须需要足以令消费者信任的第三方介入，通过加强市场监管、市场体系建设、公开市场信息，来消除因为信息不对称而导致的逆向选择行为。在水产品市场上，更加突出了政府加强水产养殖质量安全管理的重要性。

4.1.3 信息不对称情况下道德风险、养殖户行为与政府规制分析

道德风险是指从事经济活动的人在最大限度地增进自身效用的同时做出不利于他人的行动，或者当签约一方不完全承担风险后果时所采取的自身效用最大化的自私行为。水产市场上的道德风险，主要表现在生产者采取一些损害对

---

① 温铁军. 市场化改革与小农经济的矛盾. 读书，2004.

方行为或者放任某些不安全因素发展，以达到缩短养殖周期、提高养殖活率、增大产品规格、改善产品外观、延长保质期等目的，进而在损害买方利益的条件下增加自己的不道德收益。

下面将对水产养殖产品市场上的道德风险做个简要分析。假设市场上对某种水产养殖产品存在需求，生产者生产和供应该水产养殖产品也有利可图；假设 I_i 为生产者从第 i 期生产周期获得的利益，t 为生产者的生产期数，那么该生产者收益总和的现值 W 就可表示为：

$$W = I_1 + \theta I_2 + \theta^2 I_3 + \cdots + \theta^{t-1} I_t$$

其中，θ 为贴现值。

假设生产者从事道德风险行为被发现的概率为 P；假设在第 i 期采取了道德风险行为且未被发现，可以从中获得额外利益 X；假设第 i 期从事道德风险行为被发现且支付罚金后仍有收益 Y_i，那么，预期总收益的现值就可表示为：

$$W = \left[(1-P)(I_1 + X) + PY_1 \right] + \theta \left[(1-P)(I_2 + X) + PY_2 \right]$$
$$\cdots + \theta^{t-1} \left[(1-P)(I_t + X) + PY_t \right]$$

假设在无道德风险行为情况下，生产者第 i 期的效用函数为 $U_i = I$，则无道德风险行为下的预期总效用可以表示为：

$$U = U_1 + \theta U_2 + \theta^2 U_3 + \cdots + \theta^{t-1} U_t = I \frac{1 - \theta^t}{1 - \theta} \qquad (4-1)$$

有道德风险行为下的预期总效用 U 可以表示为：

$$U = U_1 + \theta U_2 + \theta^2 U_3 + \cdots + \theta^{t-1} U_t$$
$$= (1-P)X \frac{1-\theta^t}{1-\theta} + I \frac{1-\theta^t}{1-\theta} - P(1-Y) \frac{1-\theta^t}{1-\theta} \qquad (4-2)$$

式（4-2）与式（4-1）之差就是生产者选择道德风险行为将增加的效用，表示为：

$$\Delta U = (1-P)X \frac{1-\theta^t}{1-\theta} - P(I-Y) \frac{1-\theta^t}{1-\theta} = \frac{1-\theta^t}{1-\theta} \left[(1-P)X - P(I-Y) \right]$$

$\Delta U > 0$，表示生产者选择从事道德风险行为将获取额外效用，ΔU 越大，诱使生产者进行机会主义活动的可能性越大；ΔU 越小，从事道德风险行为的额外效用越小，其道德风险行为动机也就越小。

　　从经济学原理来说，如果没有一定的约束，自利的"经济人"就具有逆向选择和道德风险的趋向。信息不对称为那些拥有信息优势的生产经营者通过生产劣质、不安全食品来谋取利润提供了空间和机会。受利益的驱使，一些生产经营者可能对提供不完全甚至虚假信息更感兴趣，于是出现"多宝鱼"等现象就不足为奇了。而处于劣势的消费者就会受到巨大的损失。因此，政府对生产经营者行为的规制就显得十分必要。

　　由于信息不对称，在市场交易发生前后可能会发生"逆向选择"和"道德风险"问题，导致市场失灵（Market Failure）。由于市场自身修正信息不对称的功能存在诸如市场方法有时会失效、信息成本的存在使得市场手段不经济等方面的局限性。可见，市场机制不仅不能完全解决消费者与生产者之间的信息不对称问题，而且一些生产者的不诚信行为会强化信息不对称问题，加之社会中介机构在提供产品信息时可能存在的虚假性，因此有必要借助政府的力量对消费市场上的信息不对称实施规制。

4.2　水产养殖产品质量安全政府规制与养殖户的博弈分析

　　水产养殖质量安全涉及政府、水产养殖产品生产者和消费者，各方的效用不仅取决于自身的策略选择，也取决于其他两方面的策略。对于这类多方行为互动经济现象的理解，博弈论提供了有力的理论工具。在现实中，水产养殖产品质量安全问题时常发生，最终由消费者反映，但是消费者还是会去购买相关的水产养殖产品。主要原因在于水产养殖产品属于生活必需品，是人类最基本的消费品，它的特点是需求弹性不大、消费的替代品少，因此消费者即使上过一次当或多次当，需求并不会有减少，这在客观上为不合格的水产养殖产品生产者制造了一个稳定而广阔的市场容量，因此，解决水产养殖产品质量安全问题的重任自然应该由政府承担。事实上政府也采取了许多规制措施，通过制定行业技术标准、安全认证和专门的法律法规等，通过专业技术部门定时或不定时的检查等多种手段来缓解生产者和消费者之间的矛盾，但生产者也会采取种种方式规避监管部门的检查。从本质上来说，养殖户和政府之间的这种互动是一种博弈。下面笔者从博弈论的角度分析我国现实情况下水产养殖质量安全政府规制对养殖户的影响。

4.2.1　博弈的假设和策略空间分析

在水产养殖质量安全政府规制与养殖户的博弈模型中，参与人有政府和养殖户。笔者借鉴公共选择理论，假设政府是追逐自身利益的经济人，其目标是政治收益最大化，而政治收益由声誉和经济绩效组成，政府规制会获得政治声誉但是同时要支付规制成本，这种成本反过来会影响政府其他方面的经济绩效。这样，水产养殖产品市场中政府规制取决于其成本和收益的比较。如果规制收益大于规制成本，那么政府将进行规制；规制成本大于规制收益时，政府就有不进行规制的动机。同时，假设养殖户的目标为收益最大化或成本最小化，养殖户生产高质量还是低质量的水产养殖产品，取决于其从事水产养殖的经济收益情况。

政府在水产养殖产品市场的策略空间为"规制、不规制"。养殖户控制水产养殖生产过程的策略空间为"高质量、低质量"生产方式，不论选择何种策略，其目的都是自己收益的最大化。由于消费者没有办法识别水产养殖产品的高、低质量，那么高、低质量的水产养殖产品价格都为 P，即表明低质量产品能以次充好混同于高质量产品，水产养殖产品的产量为 Q，而高质量的水产养殖产品的生产成本为 C_h，低质量水产养殖产品的生产成本为 C_l；政府保证了水产养殖产品市场的安全就获得的声誉收益为 R，政府对养殖户的规制成本为 C_a；处罚为 F；另 $P - C_l > P - C_h$，这保证了养殖户生产低质量水产养殖产品可以比生产高质量水产养殖产品获得超额利润，也就是说如果政府不进行规制，养殖户有生产低质量水产养殖产品的激励。这些信息为政府和养殖户的共同知识，因此，政府和养殖户之间的博弈是完全信息静态博弈。

4.2.2　政府规制和水产养殖户的博弈模型分析

由于水产养殖产品市场中的消费者占弱势地位，那么政府的规制对于水产养殖产品安全市场的形成就至关重要。政府在水产养殖产品市场如何进行规制，才有利于水产养殖产品质量安全的提高？根据上面的假设和策略空间，可以作出以下的博弈矩阵，如表4-1所示。

表4-1 政府与养殖户的博弈矩阵

		水产养殖户			
		低质量（L）		高质量（H）	
政府	规制（I）	$R + F - C_a$,	$(P - C_l)Q - F$	$R - C_a$,	$(P - C_h)Q$
	不规制（N）	$-R$,	$(P - C_l)Q$	R,	$(P - C_h)Q$

从博弈矩阵中可以看出，"高质量，规制"不是纳什均衡，因为给定养殖户生产高质量的水产养殖产品，政府最优选择是不规制。同样"高质量，不规制"也不是纳什均衡，因为给定政府不规制，养殖户的最优选择是生产低质量的水产养殖产品。由此可见，该博弈没有纯战略纳什均衡，下面求解这个博弈的混合策略纳什均衡。令 V 为政府规制的概率，则不规制的概率为 $1 - V$，W 为养殖户生产低质量水产养殖产品的概率，则养殖户生产高质量水产养殖产品的概率为 $1 - W$。

对政府而言，政府规制的期望效用为 $U_I = W(R + F - C_a) + (1 - w)(R - C_a)$，不规制的期望效用为 $U_N = W(-R) + (1 - w)(R)$，为了求得混合策略纳什均衡，令 $U_N = U_I$，则可以求解 $W = C_a/(F + 2R)$。对养殖户而言，生产高质量水产养殖产品的期望效用为 $U_H = V \times (P - C_h)Q + (1 - V)(P - C_h)Q$，生产低质量水产养殖产品的期望效用为：$U_L = V \times [(P - C_l)Q - F] + (1 - V)(P - C_l)Q$，为了求得混合策略纳什均衡，令 $U_L = U_H$，则可以求解得，$V = Q(C_h - C_l)/F$。因此，政府和养殖户之间的混合策略纳什均衡是：$W = C_a/(F + 2R)$，$V = Q(C_h - C_l)/F$。由此可见，这个博弈的策略纳什均衡与水产养殖的产量 Q，水产养殖成本为 C_h 和 C_l；政府声誉收益为 R，政府对养殖户的规制成本 C_a 和为此实施处罚的罚金 F 有关。对养殖户生产低质量水产养殖产品行为的处罚越重，养殖户生产低质量水产养殖产品的概率越小；而规制成本越高，养殖户生产低质量产品的概率就越大。如果某一水产养殖产品以高质量方式养殖成本远远大于低质量方式养殖成本，那么政府应该增加规制概率；如果处罚金额高和生产水产养殖产品收入高，则政府应该降低规制概率。

对养殖户而言，如果政府规制的概率 V 大于 $Q(C_h - C_l)/F$，养殖户的最优生产选择是生产高质量水产养殖产品；如果政府规制的概率 V 小于 $Q(C_h - C_l)/F$，养殖户的最优生产选择是生产低质量的水产养殖产品。对于政府而言，如果养殖户生产低质量水产养殖产品的概率小于 $W = C_a/(F + 2R)$，政府最优的选择是不规制；如果养殖户生产低质量水产养殖产品的概率大于 $W = C_a/(F + 2R)$，政府最优的选择是规制。

在我国水产养殖产品市场中，生产市场中有大规模的水产养殖户和分散的小规模养殖户，政府对大小规模不同的养殖户进行规制的成本是有区别的，同时大小规模不同的养殖户在政府规制时生产高、低质量食品的收益也是不相同的。我国不安全水产养殖产品出现的原因与上面提及的因素有关：①我国水产养殖业大多数是一种小农经济状态，现实中存在数量很多分散规模小的养殖户，加之水产养殖产品不容易标示，导致水产养殖产品质量责任可追溯性差。因此，假如政府要对每家每户养殖户实施完全检查规制的成本会非常高，监督起来力不从心。这使得生产者难以从改善产品质量上获益，也难以因违反质量安全而受到处罚，从而缺乏采纳安全健康养殖方式的积极性。这从一个侧面解释了尽管我国相关政府颁布了许多关于水产养殖质量安全的法规，但却执法不严，养殖户有法不依、知法犯法这一普遍现象。②水产养殖产品的质量安全品质与水产养殖产品的产量、利润之间存在一定的矛盾，养殖户可以通过使用渔药、饲料添加剂等来改善水产养殖产品的外观、产量，以降低生产成本，这带来了养殖户具有违规制假、放松水产养殖产品质量安全管理的内在经济激励的负面效果。

4.3　水产养殖产品质量安全政府规制方式及其安全保障作用分析

4.3.1　水产养殖产品质量安全政府规制方式

水产养殖产品质量安全问题已经成为影响我国水产养殖业国际竞争力的关

键因素。对于我国庞大的食品和农业部门来说，在我国成为 WTO 成员后，由于具有资源和劳动力的优势，的确具有获取贸易利益的机会。渔业是我国的优势所在，但是与发达国家相比，由于经济实力、技术手段、食品安全标准和认证、管理体系方面的差距，我国渔业的比较优势在转化为竞争优势方面遇到了很大的障碍。一些进口国家和国家集团，利用技术壁垒，导致我国水产养殖产品出口贸易受到严重的影响。可见，水产养殖产品质量安全对社会经济、公众健康造成了很大的影响，水产养殖产品质量安全问题公众的利益具有极强的公共品性质事关整个社会。另外，水产养殖在产品在养殖、加工过程中，具有很强的外部性，因此，政府部门应该积极承担其提高水产养殖产品质量安全水平的重任，发挥公共服务、监管等职能，在危险性分析、水产养殖技术和品种创新等水产养殖产品质量安全科技支持，以及水产养殖产品质量安全监督管理等方面起基础性保障作用。

水产养殖质量安全政府规制是政府运用法律、行政、技术等手段，对水产养殖质量安全实施管理，以提高水产养殖产品质量安全水平，保障消费者切身利益的行为，主要包括直接的事前管制和事后的产品追究责任。直接的事前规制，包括水产养殖质量安全的相关法律、法规和政策的制定，各种质量标准的制定，产地环境的监管，生产过程的控制以及水产养殖产品质量的检测、抽查等；事后的产品追究责任，则是对水产养殖产品质量安全事件的相关责任人追究相应的法律和行政责任。

养殖户的质量安全生产行为是影响水产养殖产品质量安全的重要因素，因此，加强对养殖户生产行为的监管和激励，对水产养殖产品质量安全的提高具有重要的作用。长期以来，我国政府部门水产养殖产品质量安全监管侧重于对违规养殖户的法律责任和经济惩罚，而没有很好地通过经济激励手段来引导水产养殖户生产安全的水产品。政府部门对水产养殖产品安全生产的经济激励是与其水产养殖产品生产监管职能相并行的政府对养殖户规制的两种方式之一。政府促进水产养殖产品安全生产和供给手段不仅包括"大棒"——水产养殖产品安全监管，而且还需要"萝卜"——政府对安全水产品养殖提供资金支持、政策优惠、质量安全培训和养殖技术服务等。[①]

    水产养殖产品质量安全水平的提高必须依靠养殖户和企业等生产者的积极主动参与，市场机制引导只是其中促使生产者实行水产养殖产品安全技术、生产安全水产养殖产品的激励方式之一，政府激励机制是应该重点考虑的一种手段。政府部门对养殖户或企业的契约激励机制就是政府管理水产养殖产品质量安全的一种重要手段。近年来，我国水产养殖户不遵守渔药和各类化学品的使用规定，已经造成了严重的水产养殖质量安全事件的发生。传统的高密度养殖造成水体富营养化，引起生态环境恶化，赤潮频发，养殖品种疾病严重且呈爆发性流行趋势。为了减少损失，养殖户盲目使用违规药物，降低了水产养殖产品质量安全，不但危害消费者的健康，还损害国家的声誉，影响我国水产养殖产品国际贸易。因此，政府部门如何引导养殖户规范自己水产养殖行为在水产养殖产品质量安全控制中就显得很有必要。美国、欧盟、日本等国家和地区普遍采用激励契约机制引导养殖户采用环境友好技术或投入，不仅保护了环境，而且有利于水产养殖产品安全。政府部门为此采用了财政补贴或税费减免等激励手段对养殖户提供补偿性资助。

    政府对水产养殖产品质量安全的规制主要方式是制定水产养殖产品质量安全标准体系和相应的监管执法体系，向市场提供产品质量信息，规范生产经营行为，从而减少水产养殖产品质量安全问题的发生。第一，政府通过立法规范直接规制水产养殖产品生产经营者的行为，制定严格的生产标准，并通过市场准入制度禁止不合格的产品进入市场，任何经济主体要参与水产养殖产品生产，就必须达到政府所规定的标准，从而可以将不符合水产养殖产品生产标准的主体排除在外，并强制水产品生产经营者向消费者提供真实的、全面的信息。在水产养殖环节，政府可以通过对养殖户生产行为立法来规范生产经营者的安全生产行为。如目前政府通过实施水产养殖产品安全标志制度和标签管理，来提高水产养殖产品来源的可追溯性。政府也可以利用事后的抽查、潜在的赔偿损失、责任追溯的可能性，来约束和激励养殖户的安全生产行为。第二，政府搜

---

①   张云华．食品安全保障机制研究．北京：中国水利水电出版社，2007.

寻市场信息以及激励第三方向公众提供信息。由政府搜寻和提供具有公共物品性质的水产养殖产品安全信息是政府不可推卸的责任。虽然政府所能提供的信息有限，但政府在提供宏观经济信息以及有关政府经济活动的信息中具有市场所不能替代的作用。依靠市场本身的力量和政府的分工、配合，同时也要鼓励第三方机构（主要是指渔业行业协会以及其他多种民间组织等）参与解决信息不对称问题。第三，政府对水产养殖产品生产环节进行监管，政府通过对生产过程关键质量控制点的检查监督，政府在水产品生产的关键质量点对一些质量安全指标信息进行抽样检测。这是一种过程监控激励，体现预防为主的管理思想，并以较少关键点的质量信息来显示产品或养殖户的全面质量状况。

4.3.2 政府规制对水产养殖产品质量安全保障的作用分析

政府规制对水产养殖产品质量安全的保障作用主要体现在对产前、产中、产后的规制，即对水产养殖产地环境、养殖用水、养殖业投入品、水产养殖生产过程、水产养殖产品市场准入几个环节的规制。在水产养殖业产地环境规制环节，一方面是解决渔药、饲料等养殖业投入品的使用对养殖业生态环境的污染；另一方面是严格控制工业"三废"和城市生活垃圾对养殖业生态环境的污染。对水产养殖产地环境进行动态监控管理，确保水产养殖的产地环境符合制定的相关水产养殖产地环境标准，从源头上保障水产养殖产品质量安全。在水产养殖业投入品规制环节，实行水产养殖业投入品的生产、经营许可和登记制度。建立水产养殖业投入品的禁用和限用制度，并且及时向社会公布禁用、限用的水产养殖业投入品的品种，逐步淘汰高毒高残留的渔业投入品品种。在水产养殖生产过程规制环节，指导水产养殖产品生产者按照水产养殖产品质量安全标准生产，科学合理地使用渔药等渔业投入品。开展无公害、绿色、有机等优质水产养殖的示范推广活动，组织推广和开发先进的渔病害综合防治技术和高效、低残留的渔药新品种。鼓励通过发展农民专业合作等产业化组织形式对水产养殖产品质量安全进行监督。在水产养殖产品市场准入监管方面：渔业主管部门建立水产养殖产品质量安全监测中心承担执法性监测任务，安全水产养殖产品养殖基地、水产养殖产品批发市场、农贸市场和连锁超市通过建立速测站开展自检，对于不符合质量安全标准的水产养殖产品不准流通和销售。通过水产养殖产品产地和品种认证制度发展品牌水产养殖产品，实行标志管理，确保水产养殖产品质量安全问题的可追溯性。

在水产养殖产品生产的过程中，养殖户及其生产的水产养殖产品处在最关键的一环，是水产养殖产品质量安全问题产生的最初源头。因此，只有加强对养殖户水产养殖产品生产行为的规制，才能确保水产养殖产品的质量安全。水产养殖产品质量安全问题不能由市场自行得到解决，政府是水产养殖产品质量安全问题规制的主体。政府规制是影响养殖户行为的一个重要相关因素。一方面，政府规制相关措施的实施，可能提高养殖户安全水产养殖产品的供给意愿；另一方面，政府规制措施的实施，可能对养殖户从事养殖业的经济效益产生影响，增加养殖户水产养殖成本。政府规制对养殖户的影响如何，笔者将在后面的实证研究中做进一步的回答。

本章小结

上述分析表明，养殖户小规模分散经营，养殖业经济组织的存在有助于解决信息不对称而产生的逆向选择和道德风险问题。水产养殖产品质量的保证是一个系统的问题，水产养殖产品的生产作为产业链的初始端直接决定着食品的质量，渔业经济组织的建立有助于水产品质量的提高，但是组织的建立并不能完全解决质量信号的传递过程，尤其是设计水产品质量安全的信任品质量特性问题，一些相关研究表明标准化体系的建立、政府的适度干预、产品信息的披露都有助于生产领域质量的改善。同时，产品的质量提供还取决于交易市场的信息状况。交易市场上信息的安全，也有助于减少经济组织的逆向选择和机会主义行为的发生，从而促进产品质量的提高。

5 养殖户无公害认证水产品生产决策行为影响因素实证分析

5.1 研究假设与理论模型建立

5.1.1 研究假设

农户是组织农业生产和发展的一种重要形式。农户生产的农产品是人们生活的必需品，而农产品质量安全关系到民生和社会的稳定，良好的食品安全环境是社会正常运转的基本前提，将农户生产行为与农产品质量安全联系起来进行分析将有重要的现实意义。同样的道理，在水产养殖业，将养殖户生产行为与水产养殖产品质量安全联系起来进行分析亦非常有意义。通过笔者的调查可知，养殖户主要分为无公害认证养殖户和普通养殖户两大类，养殖户参与无公害认证决策行为具有个人选择性。

在具体实证研究之前，我们仍然假定水产养殖户服从"有限理性人"的基本假定，养殖户从事安全认证水产养殖业养殖是追求预期收益最大化。我国水产养殖政府管理部门已经越来越重视安全健康养殖，也出台了很多相关的政策措施，养殖户对这些政策措施的认知如何？为什么有些养殖户参与安全认证而有些养殖户不参与安全认证？哪些因素影响了养殖户从事安全认证水产养殖？政府规制的相关政策因素对养殖户无公害生产决策行为到底有什么影响？带着对这些问题的思考，笔者做了相关的调查问卷，为相关实证研究做铺垫。

根据前面理论分析的描述，笔者认为与水产养殖产品质量安全控制行为有关的理论主要包括政府规制理论、养殖户行为及其经营组织化理论。养殖户作为一个理性人，其追求的目标是效益最大化，其生产的质量控制行为是多种因素综合作用的结果。归纳起来大致可以分为养殖户个体特征因素、养殖户家庭特征因素、质量安全政府规制相关因素和其他因素四类。

下面笔者对每一类具体指标做进一步的阐述。

第一类指标为养殖户的个体特征指标，具体包括养殖户年龄和文化程度。

（1）年龄

不同年龄的养殖户，由于生理、心理和社会差异的存在，导致了各自特有的不同的养殖特点和养殖生产决策行为。但是，养殖户群体在相互交流过程中，通过水产养殖生产行为的相互影响，会产生养殖生产决策行为不同程度的趋同性。

（2）文化程度

养殖户不同的教育背景使得他们对安全水产养殖产品养殖的认识存在很大的差异，并导致养殖户在安全水产养殖产品养殖过程中的质量控制和生产决策行为也会不同。

第二类指标是养殖户的家庭特征，养殖户的养殖大多采取了兼业行为，有部分养殖户是专业从事水产养殖。因此，在水产养殖产品养殖过程中，对于养殖户的家庭特征进行分析，具有重要意义。具体从家庭收入来源、家庭劳动力状况和家庭的养殖面积来分析。

（1）养殖户的主要收入来源

家庭收入来源分为水产养殖业为主和非水产养殖业为主，这反映了养殖户从事养殖业的专兼业程度。家庭主要收入来源的不同会使得养殖户在水产养殖产品质量安全生产行为上产生一定的差异。

（2）养殖户家庭的劳动力状况

养殖户家庭不同的人口结构，不同的劳动力供给状况的差异，对养殖过程中的质量控制行为也有影响。

（3）养殖面积

养殖面积的大小对养殖户采用不安全养殖行为影响表现在面积越大，养殖户存在使用高毒渔药被发现的概率会越小的心理。

第三类指标是与养殖户质量安全控制行为相关政府规制措施。政府政策是影响养殖户质量安全生产行为的重要因素。如对渔业机械的补贴和质量安全生产培训政策的实施会直接影响养殖户的质量安全生产行为的决策。从政府规制的程度看，养殖户是否知晓政府规制的主要内容，将直接影响养殖户的生产决策行为。具体包括养殖户是否参加质量安全养殖的培训，是否存在水产养殖政府监督管理的力度，与质量安全相关产品的市场体系建设如何，政府对安全健康养殖行为的资金支持行为，渔业保险政策实施状况。

（1）政府对水产养殖产品的法律行政监督管理力度

政府对水产养殖产品的法律行政监督管理力度直接决定养殖户是否按照安全健康水产养殖产品的操作规程进行生产。如果政府法律行政监督管理力度大，养殖户即使养殖了不合格的水产养殖产品，也会被政府相关部门查出来的，不但水产养殖产品卖不出去，还要受到严厉的惩罚。

（2）养殖户质量安全生产认知程度

养殖户对安全水产养殖产品的了解程度直接影响到养殖户对安全健康养殖方式的理解和判断，也在一定程度上决定了养殖户对安全认证水产养殖产品价值的评价和态度，进而影响养殖户从事无公害认证水产养殖的意愿。在本研究中包括养殖户对无公害标准的认知、无公害养殖质量安全监管的认知、无公害认证生产意义的认知等。

（3）渔业产业组织化发展程度

一般来说，渔业产业组织化发展程度越高，水产养殖业生产的效率越高，水产养殖产品质量安全越容易得到保障。

（4）养殖户的产品产地标签的实施

一般来说，如果养殖户的水产品有产品产地标签，那么养殖户会严格控制其生产的水产养殖产品质量安全。

第四类指标为其他指标。具体包括养殖户是否与渔业产业化组织签订产品购销合同和渔业产业组织化程度。

（1）产品购销合同

一般来说，养殖户将水产品卖给各类渔业产业化组织或者固定的水产品经营企业，可以获得较高的经济效益和稳定的销售渠道。

（2）养殖品种的选择

养殖户对不同的养殖品种的选择会在一定程度上影响养殖户质量安全生产决策行为。

5.1.2　理论模型建立

根据上述假设，本研究建立了养殖户安全认证水产养殖产品生产决策行为的影响因素模型。根据前面的分析，影响养殖户安全水产养殖产品生产意愿的主要因素可以归结为以下几个方面：养殖户的个体特征，包括养殖户的受教育程度和年龄；养殖户的家庭特征，包括收入结构、家庭劳动力和养殖面积；养殖户生产特征，包括养殖户的鱼苗来源、养殖品种、产品购销合同；政府规制政策及其认知，包括政府资金补贴，法律法规认知，安全检测监督认知，产品产地标签，产业化组织参与。模型如图 5 - 1 所示。

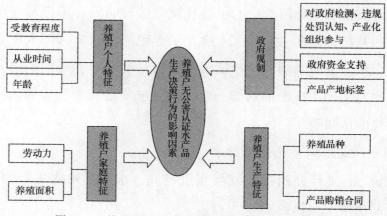

图 5 - 1　养殖户无公害认证决策行为的影响因素模型

5.2　数据来源与样本统计特征分析

5.2.1　实证数据来源

鉴于水产养殖具有很大的区域性，在调查样本选择方面，本研究主要选择上海市郊区县的水产养殖户进行重点调查。本章所进行的养殖户无公害认证水产品生产行为影响因素的计量实证研究的基础数据来源于对上海市养殖户的基本信息、养殖户质量安全控制行为、水产养殖产品质量安全政府政策评价的问卷调查。本次调查涉及养殖户质量安全生产行为方面的信息资料包括养殖户的个人基本信息、养殖户家庭状况、苗种购买情况、产品销售情况、养殖户对无公害认证生产认知状况、无公害生产意愿等。调查问卷见附录一。

　　笔者在广泛听取上海市水产技术推广站、上海市各郊区水产办和上海市农产品质量认证中心等相关部门意见的基础上，获得上海市水产养殖业和养殖户的资料信息。上海市郊区各区县水产养殖户主要分布在奉贤区、青浦区、金山区和崇明县，其他各郊区养殖户的数量相对较少。奉贤区、青浦区、金山区和崇明县养殖户总数占上海养殖户总数接近90%。在选择样本时，考虑在水产养殖有一定规模的郊区县，选择水产养殖业较发达的乡村水产养殖户。在养殖品种选择方面，以虾类、鱼类和蟹类为主，据笔者初步调查，奉贤区主要以虾类养殖户为主，青浦区主要以鱼类和虾类养殖户为主，崇明县主要以蟹类和鱼类养殖户为主，金山区主要以虾类养殖户为主。因此，笔者选择上海市郊区县虾类、蟹类和鱼类养殖户作为调查对象，无公害生产调查基地主要是上海市奉贤区、青浦区、崇明县和金山区等水产养殖基地。调查的水产养殖户地区遍布上海市水产养殖规模比较集中的郊区县，能从整体上概括出上海市水产养殖业和水产养殖户生产的基本情况。

　　从表5-1中可见，奉贤区和金山区主要以南美白对虾养殖为主，青浦区主要以常规鱼类养殖为主，崇明区主要以河蟹养殖为主。奉贤区总共有65 137 亩的养殖规模，其中有5万多亩是养殖南美白对虾的。崇明区85 000 亩的养殖规模中，其中5万多亩是养殖河蟹的。因此，大致可以看出，四个郊区县的养殖特色非常明显。

表5-1　2009 年四郊区县水产养殖户和养殖面积分布情况

	奉贤区	金山区	青浦区	崇明区
养殖户数量/户	4 176	1 227	2 211	2 487
养殖亩数/亩	65 137	27 833	62 490	85 000
主要养殖种类	虾类	虾类	鱼类	蟹类

资料来源：笔者调研。

本研究采取随机抽样调查的办法，从每个区县选取养殖业较好的乡镇调查，以户为单位，本次调查共发放问卷 450 份，各区调查数量按照该区养殖户数量所占的比例为依据，根据资料获取相关资料和信息。为了提高样本的代表性，根据各郊区乡镇的水产养殖状况和经济发展条件，本研究具体发放的数量分布镇为：①金山区：选择枫金镇、廊下镇、漕泾镇作为调查乡镇，共发放调查问卷 45 份。②奉贤区：选择金汇镇、奉城镇、四团镇为调查乡镇，发放调查问卷 180 份。③崇明县：选择陈家镇、庙镇、堡镇为调查乡镇，发放调查问卷 105 份。④青浦区：选择金泽镇、练塘镇、朱家角镇为调查乡镇，发放调查问卷 120 份。

本次调查时间为 2010 年 4—9 月，调查员为笔者、上海海洋大学人文学院部分青年教师、上海海洋大学经济管理学院研究生。为了调查结果对比分析的需要，在调查无公害认证水产养殖户的同时对同类水产品普通养殖户也进行了调查，获取了无公害认证水产养殖户和普通水产养殖户的个人信息和质量安全生产决策行为的资料。为了使得调查结果更为准确，所有被调查养殖户的水产养殖生产时间都超过 3 年。

本研究具体获得调查问卷采用的方法是：采用调查员直接到上海市各郊区养殖基地去与养殖户面对面问卷调查。为了使得问卷调查的顺利开展，采取在各郊区县水产技术推广站下乡技术指导期间，与相关工作人员一起去开展问卷调查，对于水产养殖户有疑问的地方，当面给予解释，以保证调查问卷的质量。本研究也对相关的水产合作社内部的水产养殖户做了问卷调查。

最后经过统计，回收的调查问卷有 430 份。对于调查问卷填写不完整的予以剔除；对于调查问卷填写完整但个别项目中出现异常的，在数据核查中也予以删除，以避免人为造成的数据误差，通过这种方法的应用剔除无效问卷 24 份，最后形成有效问卷 406 份，问卷的回收率达到 95.56%，问卷的有效率达到 90.22%。本研究的调查地点和养殖户分布数量列于表 5 - 2。

表 5 - 2　各区县调查养殖户数量、调查养殖品种分布情况

调查地点	奉贤区	青浦区	崇明县	金山区
调查户数	139 户	109 户	114 户	44 户
主要调查养殖品种分布情况	虾类：138 户 鱼类：1 户	虾类：31 户 鱼类：78 户	鱼类：2 户 蟹类：112 户	虾类：31 户 鱼类：11 户 蟹类：2 户

资料来源：笔者调研。

5.2.2　样本统计特征分析

（1）养殖户个人和家庭特征分析

第一，养殖户户主年龄分布状况。调查样本养殖户户主年龄最大为 75 岁，最小为 30 岁，平均年龄为 50.97 岁，标准差为 7.31。大多数养殖户户主的年龄为 40～60 岁，养殖户户主年龄大于 45 岁的占 83.01% 左右。

第二，养殖户户主的受教育程度。户主受教育程度主要是初中文化程度，占到总样本的 54.43%；其次是小学文化，占总样本的 34.73%，有 89.16% 的养殖户户主受教育程度为小学和初中以下，只有极少部分养殖户户主受教育程度为大专及其以上，如图 5 - 2 所示。

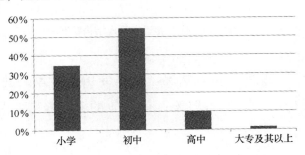

图 5 - 2　样本养殖户的受教育程度

第三，养殖户的水产养殖从业时间。样本养殖户平均从业时间是 11.50 年，从业时间最长的是 40 年，从业时间最短的是 3 年。养殖户从业时间为 10 年的占了总调查样本的 16.23%，从业时间普遍为 3～20 年，占了总调查样本的

90.5%。

　　第四，养殖户的养殖规模状况。在调查的样本养殖户养殖规模方面，笔者采用养殖面积来衡量，养殖面积最大的208亩，最小的是2亩，平均养殖面积是28.50亩，标准差为27.52，养殖面积在2~100亩的养殖户占了总调查样本的98.52%，有6个养殖户的水产养殖面积在100亩以上。

　　第五，养殖户的家庭收入结构状况。在调查的样本养殖户收入来源结构中，水产养殖业收入占家庭总收入的比重为：25%~50%以下的占到25.6%，50%~75%以下的占32.8%，75%~100%以下的占21.9%，这三个区间加总占到总调查样本的80.6%，只有15.2%的养殖户的家庭收入100%来自于水产养殖业，如图5-3所示。本研究通过对养殖户收入来源来阐述养殖户的专兼业情况，这说明大多数养殖户选择兼业从事水产养殖业，调查样本的水产养殖业的专业化程度不是很高。

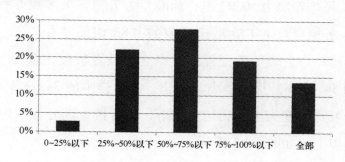

图5-3　样本养殖户收入结构状况

　　第六，养殖户的养殖劳动力状况。家庭养殖业劳动力主要是2个，占到66.01%，其次是1个，占到22.91%，有90%的家庭养殖业劳动力在2个及以下，如图5-4所示。

　　（2）养殖户质量安全生产行为分析

　　第一，养殖户无公害认证标准状况认知。样本养殖户对无公害认证水产品的标准认知比较缺乏，有50.2%的养殖户仅仅对无公害认证标准了解一点，15.7%的养殖户不了解无公害认证标准，16.2%的养殖户对无公害认证标准了解程度一般，三者之和占到总调查样本养殖户的82.1%，仅仅少数养殖户比较了解或十分了解无公害水产品认证的标准。

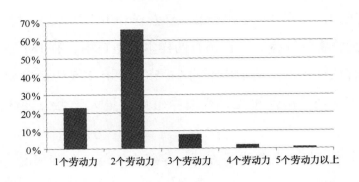

图5-4　样本养殖户养殖业劳动力状况

　　第二，养殖户对水产品质量安全检测监管认知。关于水产品质量安全检测监管方面，大多数养殖户认为检测监管力度一般，占到总调查样本的49%，接近一半。有24.60%的养殖户认为水产品质量安全检测监管比较严格，认为不严格的养殖户有99户，占24.38%。仅仅有8户养殖户认为水产品检测监管十分严格。由此可见，政府质量安全检测规制并没有让养殖户觉得检测很严格。

　　第三，养殖户无公害水产品质量安全监管严格程度。从调查结果看，大多数养殖户对无公害水产品质量安全监管具体措施了解还是不够的。有46.8%的养殖户对无公害水产品质量安全监管了解一点，19.2%的养殖户对无公害水产品质量安全监管一般了解，15.4%的养殖户不了解无公害水产品质量安全监管的具体措施，这三类养殖户占到总调查样本的81.5%。仅有9户养殖户十分了解水产养殖产品质量安全监管具体措施。

　　第四，养殖户违法无公害生产处罚认知。对于违反无公害水产养殖产品的生产标准处罚措施问题项，有49%的养殖户选择了解一点，有20.4%的养殖户选择不了解，14.9%的养殖户选择一般了解，仅仅有6户养殖户选择十分了解违反无公害水产养殖产品的生产标准处罚措施。

　　第五，养殖户养殖品种选择方面。样本养殖户从事虾类养殖占总调查样本的49.26%，从事鱼类养殖占调查样本的22.66%，从事蟹类养殖占总调查样本的28.08%，这与上海市郊区水产养殖的品种分布大致是一致的。

（3）养殖户从事安全认证水产品生产意愿和生产行为的分析

第一，无公害认证行为。在调查的样本养殖户中，有181户养殖户的水产品经过无公害认证，占总调查样本的44.58%，有225户的养殖户的水产品没有经过无公害认证。由此可见，普通养殖户数量大于无公害认证养殖户的数量。

第二，养殖户苗种来源购买方面。养殖户的苗种购买情况，有264户养殖户有固定的苗种来源，占调查样本的65.03%，有142户养殖没有固定的苗种来源。

第三，养殖户的水产品购销合同签订情况。有124户养殖户在销售水产品时有固定的购销合同，占调查样本的30.54%，有282户养殖户在销售水产品时没有固定的购销合同，占调查样本的69.46%。

第四，参与渔业产业化组织方面。在调查的样本养殖户中，有209户的养殖户参与水产合作社等渔业产业化组织，占总调查样本的51.48%，有195户养殖户还没有参与过水产合作社等渔业产业化组织。

第五，关于养殖户水产品的标签实施方面。在调查的样本养殖户中，有302户养殖户的水产品没有标明产品产地的标签，即没有相关的可追溯标志，占调查样本的75.1%；只有104户养殖户有其生产的水产品实施产品产地标签。

第六，在是否愿意从事无公害认证养殖方面，有374户养殖户选择在今后愿意从事无公害认证养殖，占总调查样本的92.12%，仅仅有7.88%的养殖户选择今后不愿意从事无公害认证养殖。

5.3　计量经济模型与变量说明

为了对影响养殖户安全认证水产养殖产品生产决策行为的因素的作用程度和显著性进行实证检验，本研究根据前文的假设和理论模型，建立了养殖户安全认证水产养殖产品生产决策行为影响因素的计量模型，并通过对406个有效养殖户样本进行计量分析。

5.3.1 计量经济模型的建立

根据本研究的需要，对于养殖户安全认证水产养殖产品生产行为变量，养殖户只有从事或不从事参与安全认证水产养殖产品生产两种情况，这显然是符合二元选择模型，因此，本研究应用二元选择 logit 模型进行回归分析是适宜的。logit 模型的一般表达形式如下：

$$y = 1\{a + b_1 x_1 + b_2 x_2 + \cdots + b_k x_k + e > 0\}$$

其中，被解释变量 y 为虚拟变量，取值为 0 或 1；$1\{\cdot\}$ 为示性函数；e 为不可观测的随机扰动项，假定服从 logistic 分布。$x \equiv (x_1, x_2, \cdots, x_K)$ 为可观察的随机行向量，$b \equiv (b_0, b_1, b_2, \cdots, b_K)'$ 是我们要估计的参数向量。

$$Pr\{y = 1 \mid x\} = G(b_0 + b_1 x_1 + b_2 x_2 + \cdots + b_k x_k) = G(x \cdot b)$$

$G(\cdot)$ 为 logistic 分布函数：$G(z) = \dfrac{\exp(z)}{1 + \exp(z)}$

其相应的密度函数为：$g(z) = \dfrac{\exp(z)}{[1 + \exp(z)]^2}$。

如果当 x_j 是连续变量和分类变量时，x_j 对于 $y = 1$ 概率的影响在总体上可用下式表示：

$$\frac{\partial}{\partial x_j} Pr\{y = 1 \mid x\} = g(x \cdot b) \cdot b_j$$

若 b 的估计量为 $\hat{b} = (\hat{b}_0, \hat{b}_1, \hat{b}_2, \cdots, \hat{b}_k)'$，可以代入具体感兴趣的 x 值进行估计，也可以给出平均估计：$\hat{b}_j \cdot [\dfrac{1}{N} \sum_{i=1}^{N} g(x_i \cdot \hat{b})]$。

如果 x_i 是 0 – 1 虚拟变量时，x_i 对于 $y = 1$ 概率的影响在总体上可用下式表示：

$$G(b_0 + b_1 + b_2 x_2 + \cdots + b_k x_k) - G(b_0 + b_2 x_2 + \cdots + b_k x_k)$$

其平均估计为：

$$\frac{1}{N} \sum_{i=1}^{N} [G(\hat{b}_0 + \hat{b}_1 + \hat{b}_2 x_{2i} + \cdots + \hat{b}_k x_{ki}) - G(\hat{b}_0 + \hat{b}_2 x_{2i} + \cdots + \hat{b}_k x_{ki})]$$

根据前面所述的二元选择 logit 理论模型，本研究拟建立具体的计量实证模型，其表达式如下：

$$ifcertificate = 1\{a + b_1age + b_2labor + b_3edu + b_4crab + b_5shrimp + b_6spe$$
$$+ b_7price + b_8aquatime + b_9perproduct + b_{10}spe + b_{11}acre + b_{12}psale$$
$$+ b_{13}indu + b_{14}label + b_{15}puni + b_{16}moni + e > 0\}$$

5.3.2　模型中的变量说明

在本研究建立计量实证的具体模型中，以 *ifcertificate* 为被解释变量，代表样本养殖户生产决策行为，即养殖户是否参与无公害认证生产决策，在附录一调查问卷中的 A7 问题项体现。本研究关键的解释变量是 *indu*、*label*、*moni*、*puni*。*indu* 代表养殖户是否参与渔业产业化组，在附录一调查问卷中的 B3.1 问题项中得以体现；*label* 变量代表养殖户的产品是否实施产品产地标签，在调查问卷的 B11 问题项中得以体现；*moni* 变量代表养殖户对无公害水产养殖监管的认知，在调查问卷的 C7 问题项中得以体现。本研究重点考察这几个政府规制变量对养殖户参与无公害认证生产决策行为的影响。其他变量为控制自变量，分别为 *age*，*edu*，*labor*，*crab*，*shrimp*，*fish*，*aquatime*，*spe*，*acre*，*psale*，*price*，*perproduct*，*indu*，*puni*，*moni*，*label*。这些变量具体的含义、取值和赋值内容如表 5 – 3 所示。

表 5 – 3　实证模型变量说明

变量名称	变量含义	取值范围	赋值内容
ifcertificate	养殖户类型	0 ~ 1	0 = 普通养殖户；1 = 无公害认证养殖户
age	户主年龄	连续性变量	养殖户实际年龄
edu	户主受教育程度	1 ~ 4	1 = 小学及以下，2 = 初中，3 = 高中，4 = 大专及以上
labor	养殖业劳动力数量	连续性变量	家庭水产养殖业劳动力的投入数量
crab	蟹类养殖户	无排序分类变量	蟹类养殖户赋值为1
shrimp	虾类养殖户	无排序分类变量	虾类养殖户赋值为1
fish	鱼类养殖户	无排序分类变量	鱼类养殖户赋值为0
aquatime	养殖户从业时间	连续性变量	养殖户从事水产养殖业的年限
spe	养殖业收入占家庭总收入的比重	1 ~ 5	1 = 25% 以下，2 = 25% ~50%，3 = 50% ~75% 以下，4 = 75% ~100% 以下，5 = 100%

变量名称	变量含义	取值范围	赋值内容
acre	水产养殖规模	连续性变量	养殖户的养殖亩数
psale	水产品销售模式	0 ~ 1	0 = 没有销售合同，1 = 有销售合同
price	水产品价格	连续性变量	养殖户每千克水产品的销售价格
perproduct	养殖户每亩产量	连续性变量	养殖户每亩所能获得水产品实际产量
indu	产业化组织参与	0 ~ 1	0 = 没有加入产业化组织，1 = 加入产业化组织
label	产品标签实施	0 ~ 1	0 = 没有产品标签，1 = 有产品标签
puni	违规无公害养殖处罚的认知	1 ~ 5	1 = 不了解，2 = 了解一点，3 = 一般，4 = 比较了解，5 = 十分了解
moni	无公害养殖质量安全监管认知	1 ~ 5	1 = 不了解，2 = 了解一点，3 = 一般，4 = 比较了解，5 = 十分了解

5.4 计量实证回归结果和分析

本章重点考察水产养殖产品质量安全政府规制对养殖户无公害认证生产决策行为的影响，运用 Stata11.0 对 406 个有效养殖户样本的数据进行 Logit 回归处理，在具体的回归过程中，以 *ifcertificate* 为被解释变量，以 *label*、*moni*、*puni*、*indu* 为基本政府规制自变量，其他变量为控制自变量，采取逐步缩减控制变量的回归方法对养殖户无公害认证水产养殖产品生产行为影响因素进行 Logit 回归，具体的计量结果如表 5 - 4 所示。

表 5 - 4 Logit 回归结果

因变量 *ifcertificate*	Model 1	Model 2	Model 3	Model 4
labor	- 0.019			
(*z* 值)	(0.10)			
age	- 0.048 * *			
(*z* 值)	(- 2.49)			
edu	- 0.228			
(*z* 值)	(- 1.07)			

因变量 ifcertificate	Model 1	Model 2	Model 3	Model 4
aquatime	0.037 *	0.026		
(z 值)	(1.75)	(1.28)		
price	0.018 *	0.017 *		
(z 值)	(1.87)	(1.86)		
crab	1.439 *	1.354 *		
(z 值)	(2.30)	(2.20)		
shrimp	0.459	0.359		
(z 值)	(0.97)	(0.77)		
spe	0.289 * *	0.337 * *	0.336 * *	
(z 值)	(2.33)	(2.86)	(2.95)	
acre	0.001	0.002	0.001	
(z 值)	(0.06)	(0.37)	(0.33)	
psale	0.778 * *	0.851 * *	0.772 * *	
(z 值)	(2.58)	(2.86)	(2.73)	
label	0.430	0.350	0.350	0.520
(z 值)	(1.43)	(0.84)	(0.88)	(1.37)
moni	0.346 * *	0.337 * *	0.331 *	0.389 * *
(z 值)	(2.31)	(2.28)	(2.37)	(2.88)
puni	0.080	0.098	0.099	0.099
(z 值)	(0.59)	(0.73)	(0.76)	(0.78)
indu	1.821 * * *	1.873 * * *	1.785 * * *	2.014 * * *
(z 值)	(6.71)	(7.07)	(7.04)	(8.47)
常数项	− 2.814	− 5.625	− 3.639	− 2.564
	(− 1.95)	(− 6.30)	(− 6.81)	(− 6.56)

注：＊＊＊、＊＊、＊分别表示在 1%、5% 和 10% 统计水平上显著。

　　分析表 5 − 4 的计量回归结果，可以知道影响养殖户无公害认证水产品生产决策行为的主要显著政府规制变量有：养殖户是否参与产业化（indu），养殖户对水产养殖质量安全监管的认知（moni）。主要控制自变量有养殖户的年龄（age）、养殖户从业时间（aquatime）、水产品的价格（price）、养殖户生产产品是否有销售合同（psale）、养殖户水产养殖业收入所占比重（spe）和养殖户的每亩产量（perproduct）。

　　二元选择 Logit 计量模型主要分析自变量对因变量的概率影响程度，由于表

5-4 中的回归结果不能直接解释计量模型中显著的自变量对因变量的概率影响程度，只能说明那些自变量存在显著性影响，在二元选择 Logit 模型中，是用局效应（partial effect）来解释自变量对应变量的概率影响程度。因此，为了得到各个显著自变量对因变量的概率影响程度，可以利用 Gauss7.0 统计软件，以进一步分析主要显著变量对养殖户无公害认证水产品生产决策行为影响的局效应。

表 5-5   Logit 回归显著自变量对养殖户无公害认证决策行为局效应

变量	Model-1 局效应	Model-2 局效应	Model-3 局效应	Model-4 局效应
age	-0.011			
aqutime	0.009			
crab	0.325	0.294		
price	0.004	0.004		
perproduct	0.001	0.001		
spe	0.064	0.073	0.076	
psale	0.185	0.199	0.180	
moni	0.077	0.077	0.078	0.090
indu	0.402	0.410	0.403	0.452

根据表 5-5 中显示的估计结果，养殖户无公害认证水产养殖产品生产决策行为影响因素的显著性及其影响程度归纳如下。

第一，在控制变量中，养殖户是否以水产养殖业为主业对养殖户从事安全认证水产品生产有显著影响，并且显著性水平达到 5%，这说明专业养殖户更有倾向从事无公害认证水产养殖产品的生产。但是养殖户户主的受教育程度和养殖户家庭劳动力投入对养殖户从从事安全认证生产行为影响不大。养殖户的年龄对养殖户从事无公害认证水产养殖产品生产行为影响在 5% 水平上显著，但是相关系数为负，这说明年龄越大的养殖户户主，越不愿意从事无公害认证生产行为。

第二，从养殖户生产特征来看，养殖户所选的养殖品种对养殖户安全认证生产行为具有显著的影响，在所有养殖品种中，选择虾类和鱼类为养殖品种的养殖户从事安全认证行为较多，蟹类养殖户相比鱼类养殖户更加愿意从事无公害认证养殖。养殖户的产品销售如果有固定的合同，养殖户就越有可能从事无公害认认证生产行为，有固定的合同能够保证产销顺利实现，如果养殖户生产的水产品从没有固定销售合同变为有固定的销售合同，养殖户参与无公害认证决策行为概率会增加0.18。另外，养殖户水产养殖业收入所占比重越大，养殖户参与无公害认证决策行为概率也越大，养殖户水产养殖业的收入占家庭总收入的比例每提高一个档次，养殖户参与无公害认证决策行为概率会增加0.07。通过我们的实证研究，并没有发现养殖户的养殖规模越大，养殖户参与无公害认证生产行为决策会增加，这是由于上海市郊区养殖户的规模不是很大，而且大多数养殖户是在加入合作社之后，从事无公害水产品认证生产的。

　　第三，从政府规制相关变量来看，养殖户对质量安全监管认知对养殖户从事安全认证生产决策行为有显著的影响。质量安全监管认知对养殖户安全认证生产行为影响显著，如果使得养殖户对质量安全监管认知的取值增加一个单位，可使得养殖户参与无公害认证养殖行为的概率增加0.090。这说明质量安全监管力度越大，养殖户对质量安全监管的认同度增加就越大，就越有可能从事无公害认证生产。养殖户是否参与渔业产业化组织对养殖户安全认证生产决策行为存在非常显著的影响。如果养殖户从没有参与水产养殖业产业化组织到参与水产养殖业产业化组织，可使得养殖户参与无公害认证养殖行为的概率增加0.452。这说明在当前水产养殖业的发展下，水产合作社、渔业协会等渔业产业化组织能够有力地推动无公害认证养殖业。

本章小结

　　基于对上海市奉贤区、青浦区、崇明县和金山区养殖户从事水产养殖业的调查，笔者发现，上海郊区水产养殖户大致可以分为无公害认证养殖户和普通养殖户两大类。随着"无公害水产品行动计划"的推动，一方面，社会上已经形成了水产品安全消费的良好舆论氛围，居民的消费偏好开始转向安全水产品；另一方面，随着渔业经济的现代化发展，广大水产养殖户的思想观念、市场意识、个人能力等都有了较大提高，并开始考虑到自身生产水产品的质量安全问题，水产养殖户生产产品的质量安全和他们自身经济利益是密切相关的。另外，随着国家各种政府规制政策的出台和执行，必将对养殖户安全水产品供给决策行为产生重要的影响。

基于这样的逻辑，本研究建立养殖户无公害认证水产品生产决策行为影响因素的二元 Logit 模型，以考察政府规制变量对养殖户质量安全生产决策行为的影响。通过实证分析发现，在政府规制变量中，养殖户质量安全监管认知对养殖户从事无公害认证生产决策行为有显著的影响；养殖户是否参与渔业产业化组织对养殖户安全认证生产决策行为存在非常显著的影响。因此，为了提高水产品质量安全的程度，推广"无公害认证"水产品的养殖，可以进一步加大对水产品质量安全监管的宣传力度和执行力度，从而提高养殖户安全水产品的供给。另外，为了有效组织无公害水产品的认证，应该加强以水产养殖合作社为平台，提高养殖户生产的渔业产业组织化程度。

6 水产养殖产品质量安全政府规制对养殖户经济效益影响的实证分析

6.1 数据来源与养殖户经济效益统计分析

6.1.1 数据来源

本章所进行的政府规制对养殖户经济效益影响的计量实证研究的基础数据来源于对上海市养殖户个人和家庭的基本信息、养殖生产经济效益及其质量控制行为、水产养殖产品质量安全政府政策评价的调查问卷，具体问卷见附录一水产养殖户调查问卷。本章数据和第 5 章数据来自同一份调查问卷，在具体实证数据采集方面有差异。

6.1.2 养殖户生产成本和经济效益统计分析

在具体进行调查问卷的数据统计分析之前，有必要对养殖户生产成本和经济效益相关概念做个解释[①]。

第一，养殖户生产总成本和生产总收入内涵。本研究所指的养殖户的养殖成本主要包括养殖苗种费、渔药费、化肥费、饲料费、池塘承包租赁费、人工费以及其他费用，这些费用的支出，构成了每个养殖户的生产总成本；养殖户的生产总收入为养殖户在一个年度内从事水产养殖业获得的收入。为了数据的可获得性，通过调查可以获得每个养殖户的生产总成本（TC_i）和生产总收入

① 张利国. 安全认证食品产业发展研究. 北京：中国农业出版社，2006.

（TR_i）。由于我们调查的品种主要是鱼类、虾类和蟹类养殖户，为了区分养殖品种，上面相关概念下标 i 表示每个养殖户所养殖的品种，i 的取值范围为 1~3。

从总成本可以分别计算每个养殖户的单位面积养殖成本（CS_i）和单位产量养殖成本（CY_i）。

养殖户养殖第 i 种产品单位面积养殖成本 $CS_i = TC_i / S_i$ 　　　　（6-1）

养殖户养殖第 i 种产品的单位产量养殖成本 $CY_i = TC_i / Y_i$ 　　　（6-2）

其中，S_i 表示养殖品种的亩数，Y_i 表示养殖品种的产量。

第二，养殖户的净收益的内涵。养殖户的净收益等于养殖户的养殖总收益与养殖总成本之差。通过相关数学计算，可以获得总净收益（TNI）、单位面积净收益（NIS）、单位产量净收益（NIY）。为了从品种类区分收益相关概念的差别，同样可以用下标 i 表示每个养殖户所养殖的品种。

养殖户养殖第 i 种产品的总净收益 $TNI_i = TR_i - TC_i$ 　　　　（6-3）

养殖户养殖第 i 种产品的单位面积净收益 $NIS_i = TNI_i / S_i$ 　　（6-4）

养殖户养殖第 i 种产品的单位产量净收益 $NIY_i = TNI_i / Y_i$ 　　（6-5）

第三，比较成本与比较收益的内涵。根据无公害认证水产养殖产品（f）和普通水产养殖产品（p）生产的成本效益资料，不仅可以在无公害认证水产养殖产品内部不同品种之间进行成本和效益的比较，而且，还可以在同一种产品中对无公害认证产品和普通水产养殖品之间进行比较。

①比较成本。无公害认证水产养殖产品与普通水产养殖产品的单位面积成本比较公式为：$RCS_{fi} = CS_{fi} / CS_{pi} \times 100\%$；无公害认证水产养殖产品与普通水产养殖产品的单位产量成本比较公式为：$RCY_{fi} = CY_{fi} / CY_{pi} \times 100\%$。

其中，RCS_{fi} 和 RCY_{fi} 分别为无公害认证水产养殖产品单位面积和单位产量比较成本；CS_{fi} 和 CS_{pi} 分别为无公害认证水产养殖产品和普通水产养殖产品的单位面积成本。CY_{fi} 和 CY_{pi} 分别为无公害认证水产养殖产品和普通水产养殖产品的单位产量成本。

②比较收益。无公害认证水产养殖产品与普通水产养殖产品的单位面积净收益比较公式为：$RIS_{fi} = NIS_{fi} / NIS_{pi} \times 100\%$；无公害认证水产养殖产品与普通水产养殖产品的单位产量净收益比较公式为：$RIY_{fi} = NIY_{fi} / NIY_{pi} \times 100\%$。

其中，RIS_{fi} 和 RIY_{fi} 分别为无公害认证水产养殖产品单位面积和单位产量比较净收益；NIS_{fi} 和 NIS_{pi} 分别为无公害认证水产养殖产品和普通水产养殖产品的单位面积净收益；NIY_{fi} 和 NIY_{pi} 无公害认证水产养殖产品和普通水产养殖产品的单位产量净收益。通过以上相关概念的界定，结合笔者对养殖户的调查数据，本研究获得以下关于普通养殖户和无公害认证养殖户生产成本和经济效益的数据资料。如表 6 – 1 所示。

表 6 – 1　无公害认证与普通养殖户的生产成本情况　　　　单位：元/亩

养殖户类型		观测样本数	均值	标准偏差	最小值	最大值
虾类	普通水产品	127	4 418.70	1 893.41	1 000.00	9 200.00
	无公害水产品	73	4 814.69	1 614.74	2 400.00	10 000.00
鱼类	普通水产品	54	6 125.24	3 288.73	1 000.00	12 583.83
	无公害水产品	40	7 411.58	2 093.89	2 222.22	11 000.00
蟹类	普通水产品	56	1 660.90	995.36	83.33	5 336.62
	无公害水产品	56	1 900.42	1 153.10	116.67	5 000.00

数据来源：笔者调研整理获得。

在养殖虾类的养殖户中，养殖普通虾的平均生产成本为 4 418.70 元/亩，无公害认证虾类养殖户的平均生产成本为 4 814.69 元/亩。从标准偏差上看，养殖普通虾的标准偏差为 1 893.41 元/亩，而养殖无公害认证虾的生产成本标准偏差仅为 1 614.74 元/亩。由此可见，无公害认证虾类养殖户的平均生产成本要高于普通虾类养殖户，无公害认证虾类养殖户的平均生产成本的标准偏差低于普通虾类养殖户。

在养殖鱼类的养殖户中，养殖普通鱼类养殖户的平均生产成本为 6 125.24 元/亩，明显低于养殖经过无公害认证鱼类养殖户的平均生产成本 7 411.58 元/亩，从标准差上看，养殖无公害认证鱼类的生产成本波动范围也要略小些，标准偏差为 2 093.89 元/亩，养殖普通鱼类的生产成本的标准偏差为 3 288.73 元/亩。

在养殖蟹类的养殖户中，养殖普通蟹的平均生产成本为 1 660.90 元/亩，略低于养殖经过无公害认证蟹的平均生产成本，其养殖成本均值为 1 900.42

元/亩,从标准偏差上看,养殖无公害认证蟹类的生产成本波动范围要大些,标准偏差为 1 153.10 元/亩,养殖普通蟹的生产成本的标准偏差为995.36 元/亩。

通过比较可以发现,在虾类、鱼类和蟹类养殖户中,养殖鱼类的平均生产成本最大,并且其生产成本的波动范围也是最大的,不同品种养殖户的生产成本的均值和标准差差异也较大。经过无公害认证养殖户的平均生产成本要高于普通水产品养殖户的生产成本,主要原因是无公害认证养殖户在养殖池塘管理、违禁药品管理和饲料方面的管理投入会增加。另外,相对普通水产品养殖户而言,我们发现无公害认证鱼类和虾类养殖户的生产成本波动范围较小。如表6 – 2 所示。

表6 – 2　无公害认证与普通水产品养殖户的净收益情况　　　单位：元/亩

养殖户类型		观测样本数	均值	标准偏差	最小值	最大值
虾类	普通水产品	127	1 416.30	1 453.96	– 2 000.00	6 000.00
	无公害水产品	73	1 916.82	1 221.48	– 733.30	5 000.00
鱼类	普通水产品	54	1 673.32	1 087.40	– 1 562.50	4 000.00
	无公害水产品	40	1 969.95	973.32	666.67	5 000.00
蟹类	普通水产品	56	1 463.83	1 016.02	0.00	5 000.00
	无公害水产品	56	1 745.86	1 352.56	– 363.64	7 000.00

数据来源：笔者调研整理获得。

从表6 – 2 中可以看出,在养殖虾类养殖户中,养殖普通虾的平均净收益为 1 416.30 元/亩,低于养殖无公害认证虾的平均净收益（平均净收益为 1 916.82 元/亩）,从标准偏差上看,养殖普通虾的净收益波动范围要大些,标准偏差为 1 453.96 元/亩,而养殖无公害认证虾的净收益的标准偏差为 1 221.48 元/亩。

在养殖鱼类的养殖户中,养殖普通鱼类的平均净收益为 1 673.32 元/亩,低于养殖无公害认证鱼类的平均净收益（平均净收益为 1 969.95 元/亩）,从标准差上看,养殖普通鱼类的净收益的标准偏差为 1 087.40 元/亩,而养殖无公害认证鱼类的净收益的标准偏差仅为 973.32 元/亩。

在养殖蟹类的养殖户中,养殖普通蟹的平均净收益为 1 463.83 元/亩,也低于养殖经过无公害认证蟹的净收益，其养殖净收益均值为 1 745. 86 元/亩，从标准偏差上看，养殖无公害认证蟹的净收益波动范围要大些，标准偏差为 1 352. 56元/亩，而养殖普通蟹的净收益的标准偏差为 1 016. 02 元/亩。

比较养殖虾类、鱼类和蟹类养殖户的收益情况发现，经过无公害认证养殖户的平均净收益要高于普通养殖户的净收益；在普通养殖户中，虾类养殖户的平均净收益为最低，虾类养殖户的净收益波动范围也是最大；无公害认证鱼类和虾类养殖户的净收益波动范围差别不大。

我们的调查数据是基于 2009 年的上海市郊区养殖户的数据，由于 2009 年虾的病害较为严重，导致虾的亩产量不高，价格也不是很高，因此，虾类养殖户的经济效益也不是很高。

从表 6 – 3 可以看出，在虾类养殖户中，普通养殖户的虾平均价格为 19. 21元/千克，要低于无公害认证养殖户的虾平均价格（平均价格为 19. 83 元/千克），从标准偏差上看，普通虾的价格波动范围要大些，标准偏差为 6. 23 元/千克，而无公害认证虾的产品价格的标准偏差仅为 4. 80 元/千克。

表 6 – 3　无公害认证与普通水产品养殖户产品的价格　　单位：元/千克

养殖户养殖的水产品类型		观测样本数	均值	标准偏差	最小值	最大值
虾类	普通水产品	127	19. 21	6. 23	4. 69	40. 0
	无公害水产品	73	19. 83	4. 80	10. 00	33. 33
鱼类	普通水产品	54	9. 83	3. 66	3. 33	21. 67
	无公害水产品	40	10. 89	3. 75	5. 00	22. 22
蟹类	普通水产品	56	32. 08	20. 95	12. 42	160. 00
	无公害水产品	56	39. 28	29. 49	10. 00	200. 00

数据来源：笔者调研整理获得。

在养殖鱼类的养殖户中，普通养殖户的鱼产品平均价格为 9. 83 元/千克，而无公害认证鱼类的平均价格为 10. 89 元/千克，从标准偏差上看，普通养殖户的鱼类的平均价格标准偏差为 3. 66 元/千克，而无公害认证鱼类养殖户的产品平均价格的标准偏差为 3. 75 元/千克，两者差别不大。

在养殖蟹类的养殖户中，普通养殖户的蟹产品平均价格为 32.08 元/千克，要低于无公害认证养殖户的蟹产品的平均价格，其平均价格为 39.28 元/千克，从标准偏差上看，无公害认证蟹类养殖户的蟹产品的价格波动范围要大些，标准差为 29.49 元/千克，而普通蟹类养殖户蟹产品的平均价格的标准偏差为 20.95 元/千克。

通过比较普通养殖户水产品和无公害认证养殖户水产品的平均价格，可以发现，在同类水产品中，经过无公害认证的水产品的平均价格要高于普通水产品的平均价格。从调查数据发现，在平均价格比较表格中，虾类和鱼类的平均价格在普通水产品和无公害认证水产品差别不是非常大，但是普通蟹类和无公害蟹类的平均价格差别较大。

从表 6-4 可以看出，在虾类养殖户中，普通虾类养殖户的平均亩产量为 307.73 千克/亩，要低于无公害认证虾类养殖户的平均亩产量，从标准偏差上看，无公害认证养殖户的亩产量的波动范围较大，标准偏差为 105.06 千克/亩，而普通虾类养殖户的平均亩产量的标准偏差仅仅为 87.22 千克/亩。

表6-4　无公害认证与普通水产品养殖户的产量　　单位：千克/亩

养殖户养殖的水产品类型		观测样本数	均值	标准偏差	最小值	最大值
虾类	普通水产品	127	307.73	87.22	83.33	625.00
	无公害水产品	73	347.59	105.06	150.00	633.33
鱼类	普通水产品	54	826.03	369.30	300.00	2 000.00
	无公害水产品	40	952.99	380.33	222.22	2 000.00
蟹类	普通水产品	56	102.77	28.11	25.00	160.00
	无公害水产品	56	105.46	34.90	20.00	166.67

数据来源：笔者调研整理获得。

在养殖鱼类的养殖户中，普通鱼类养殖户的平均亩产量为 826.03 千克，要低于无公害认证鱼类养殖户的平均亩产量，从标准偏差上看，无公害认证养殖户的亩产量的波动范围较大，标准偏差为 380.33 千克/亩，而普通鱼养殖户的平均亩产量的标准偏差为 369.30 千克/亩。

在养殖蟹类的养殖户中，普通蟹类养殖户的平均亩产量为102.77千克，要略微低于无公害认证养殖户的虾平均亩产量（105.46千克），从标准偏差上看，无公害认证养殖户的亩产量的波动范围较大，标准偏差为34.90千克/亩，而普通蟹养殖户的平均亩产量的标准偏差仅仅为28.11千克/亩。

从表6－5中可以看出，鱼类、虾类和蟹类无公害认证养殖户平均亩产量较高，相对来说，普通水产品养殖户的平均亩产量较低。

在获得以上有关养殖户生产成本、经济效益和平均价格的整体数据后，可以采用比较分析方法，来比较无公害认证和普通养殖户单位面积的平均成本，如表6－5所示。

表6－5　无公害认证与普通养殖户的单位面积平均成本比较　单位：元/亩

	虾类	蟹类	鱼类
普通水产品	4 418.70	1 660.90	6 125.24
无公害认证水产品	4 814.69	1 900.42	7 411.58
成本比较	91.78%	87.40%	82.64%

数据来源：笔者调研整理获得。

接着亦采用比较分析方法，来比较无公害认证和普通养殖户的单位面积平均净收益。如表6－6所示。

表6－6　无公害认证与普通养殖户的单位面积平均净收益比较　单位：元/亩

	虾类	蟹类	鱼类
普通水产品	1 416.30	1 436.83	1 673.32
无公害认证水产品	1 916.82	1 745.46	1 969.95
单位面积净收益比较	73.89%	82.32%	84.94%

数据来源：笔者调研整理获得。

通过对无公害认证和普通水产品养殖户单位面积平均成本、平均净收益和产品的平均价格的比较，无公害认证水产品养殖户是否能够获得良好的经济效益，取决于其产品的价格和生产的产量。从我们的调查数据发现，无公害认证养殖户的水产品价格要高于普通养殖户的水产品价格，另外，无公害认证养殖户的亩产量也较高。一般来说，经过无公害认证的养殖户的生产实力较高，其在产量的获得和产品的销售方面具有一定的优势，从而，其经济效益也较高。养殖户所生产的安全水产品的质量安全信息能够传递，并在水产品流通过程中被相关经营者认可，并最终被消费者所认可，养殖户的经济效益会获得良好的保障，养殖户自然能够积极主动从事无公害认证养殖生产。无公害认证水产品经过政府部门的认证，并通过一定的渠道传递信息，获得水产品流通市场认可的话，无公害认证水产品销售可以得到一定的保障，无公害认证养殖户的经济效益也比较好。在调查中，笔者发现，养殖户的产品要经过无公害认证的话，一般都是通过合作社这个平台运作的，少数是独自申请认证的。由养殖户组成的合作社，对其养殖基地和养殖的品种，申报到政府相关部门进行认证，符合条件的话可以成为无公害认证水产品。由于水产养殖合作社的管理模式，一般采取投入品统一管理，或者投入品和产品销售都是统一管理，在生产和销售方面具有一定的规模优势，可以为养殖户生产和销售创造一定的有利于本社员的条件，从而可以为本社员从事水产养殖业创造良好的条件，最终是有利于经济效益的提高。

6.2　理论分析、变量设定和理论模型的建立

6.2.1　理论分析

从与人的行为关系看，食品安全问题的发生可以分为两大类：一类是在没有取得技术进步的情况下，由当前技术水平的限制而引起的食品安全问题；另一类是在食品生产、制造过程中，行为人因利益驱动而在投入物的选择及其用量上违背道德诚信，恶意采取标志欺诈、制假售假等手段造成的食品安全问题。这类问题和技术没有关系，纯粹是一种追逐经济利益过程中的"败德行为"。第二类问题是本研究的切入点，技术方面造成的质量安全问题不属于本研究的范围。

根据前面所述，水产品质量安全信息不对称是水产品市场普遍存在的现象。

由于养殖户追求利润最大化的目标，负面的水产养殖产品质量信息可能被刻意掩饰。质量安全特征作为水产养殖产品的内在品质，往往难以被水产养殖产品经销商和消费者用肉眼辨识出来，并且水产养殖产品质量安全问题每次导致的损害有可能是轻微的，短期一般难以察觉，长期的损害又往往与其他因素交织在一起，难以辨别。改善水产养殖产品的质量安全品质与降低水产养殖产品成本之间又存在一定的负相关关系，水产养殖产品安全管理需要大量人力、设备投入，增加产品的淘汰率，从而增加了水产养殖产品的生产成本。因此，养殖户往往通过不遵守某些政府规制措施，降低质量安全标准来提高产量，进而大大提高了水产养殖产品质量安全问题发生的可能性。

如果存在信息不对称，即交易一方比另一方知道更多关于交易客体的信息，就会出现许多问题，导致信息拥有方为牟取自身更大的利益使得另一方的利益受到损害。这种行为理论在经济学上归纳起来主要是两类：一是拥有信息优势的一方会利用自己的信息优势实施不利于信息劣势方的机会主义行为，即"道德风险"（moral hazard）；二是信息劣势方为保护自己不得不面临"逆向选择"（adverse selection），从而出现即"劣币驱逐良币"。在信息不对称情况下，生产者往往会产生道德风险，而消费者在消费过程中采取逆向选择行为，两者结合导致市场上充斥不安全的水产品，危害消费者的健康。如图6-1所示。

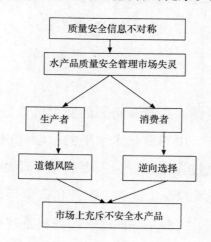

图6-1　水产品质量安全市场信息不对称

资料来源：周应恒，等. 现代食品安全与管理. 北京：经济管理出版社，2008：36.

逆向选择问题来自买者和卖者有关的质量信息不对称。逆向选择是指由于交易双方信息不对称和市场价格下降产生的劣质品驱逐优质品，进而出现市场交易产品平均质量下降的现象。在信息不对称条件下，消费者由于缺乏鉴别优劣真伪的有效信息，只能根据市场产品的平均质量水平决定支付意愿，从而导致农产品的生产者选择低劣化的现象①。信息不对称情况下的逆向选择现象，也会对水产养殖户的行为决策产生重要的影响，这导致有些养殖户不从事安全认证水产品生产，而有些养殖户从事安全认证水产品生产。

养殖户作为经济人，进行农产品生产不仅是为了自己消费，更重要的是为了能够获得经济利益，所以养殖户必然以追求收益的最大化来从事水产养殖业生产并作出相应的决策。水产品市场上信息不对称，价格作为信息的载体在协调生产及传递信息方面就会失真，因而就为养殖户进行道德风险提供了可能，在生产过程中养殖户就会不顾水产品的质量安全问题。

我们以 R、C 和 π 分别表示养殖户进行道德风险所带来的预期收益、预期成本和预期利润，P 表示养殖户进行道德风险所生产出来的水产养殖产品被政府查出来的概率，$0 < P < 1$，C_1 表示养殖户进行水产养殖产品生产所投入的生产成本，C_2 表示政府对养殖户道德风险行为的罚款。那么养殖户的预期利润可表示为：$\pi = (1 - P)(R - C_1) + P[-(C_1 + C_2)]$。从理论上讲，养殖户是否进行道德风险，就看养殖户是否能够取得足够预期利润。养殖户只有可能得到预期利润时，养殖户才有可能进行道德风险。预期利润 π 与预期收益 R 呈正相关，R 的数值越大，π 的数字也就越大；而预期利润与被政府查出的概率 P、养殖户进行水产养殖的投入成本费用 C_1，政府对养殖户进行道德风险的罚款 C_2 呈负相关，P、C_1、C_2 的数值越小，π 的数值也就越大。养殖户进行道德风险的根本动因在于追求自身利益最大化。R、P、C_1 和 C_2 就是养殖户进行道德风险的主要动因。

因此，本章构思从政府规制的角度出发，分析水产养殖产品质量安全政府规制对养殖户的经济效益有什么影响。在实际生产过程中，我们发现政府制定

---

①　周应恒，等．现代食品与管理．北京：经济管理出版社，2008.

并执行了很多质量安全相关政策，包括标准、检测和认证体系，法律法规体系，在这些规制措施当中，认证体系是最直接能测量到的一项，目前有关其他农产品质量安全测量角度也是从无公害认证、绿色认证和有机认证来衡量的。在现实当中养殖户可以分为两大类：无公害认证水产品养殖户和普通水产品养殖户。大多数养殖户也积极遵循政府各种规制，但是作为经济人的养殖户，其生产活动最终是围绕经济效益获取展开的。出于对经济效益的考虑，本研究对无公害认证养殖户和普通养殖户两种生产经济效益进行比较的基础上，进一步从计量实证角度来分析政府规制变量对养殖户经济效益的影响。

6.2.2　变量设定和理论模型的建立

本章试图分析政府相关的规制变量对养殖户经济效益的影响，养殖户的个人、家庭和生产特征变量可以作为控制变量来分析。结合以上理论分析、假定和水产养殖业的特点，本研究以水产养殖户作为研究对象，对我国水产养殖产品质量安全政府规制对养殖户经济效益有影响的变量做如下界定。

第一，养殖户的个人特征，主要包括养殖户户主的年龄和受教育状况。养殖户年龄越大，养殖户的经验越丰富，养殖户的经济效益越高；养殖户的受教育程度越高，越能够更多地利用外部资源，因此获得的经济效益也越高。

第二，养殖户的家庭特征，主要包括家庭对养殖业劳动力配置。由于养殖业是劳动密集型产业，如果把更多的劳动力从事水产养殖业，家庭成员有激励机制去努力实现养殖业效益提高，因此我们假设越多劳动力从事水产养殖业，该养殖户家庭养殖业的经济效益越高。

第三，养殖户的生产经营特征，主要包括养殖户养殖品种的选择、养殖面积和养殖产品的价格情况。养殖面积对养殖业经济效益的影响主要表现在养殖面积越大，他们更倾向于花费更多的时间和精力去从事养殖，以期望最大效用地利用资源。养殖户的水产品价格越高，养殖户的经济效益就较高。养殖户选择养殖不同的品种，养殖户的经济效益也会有所差别。

第四，水产养殖产品质量安全政府规制变量，本研究将水产养殖产品质量安全政府规制变量分为两类：一类是质量安全政府规制变量不便直接测量，养殖户对政府规制的认同程度近似看做政府规制的替代变量，本研究涉及这类政府规制变量的主要有养殖户对水产养殖质量安全监管的认同程度和养殖户对违规养殖处罚严格认同程度。如果政府在这两个方面的管理越严格，养殖户的认同度就越高，相应的养殖户为此要投入更多的养殖成本，因此养殖户从事水产养殖业的经济效益相应越低；另一类是水产养殖产品质量安全政府规制可以直接测量，本研究涉及这类政府规制变量的主要有水产养殖业补贴和养殖户是否参与无公害认证。在政府渔业资金补贴方面，本研究假定政府对养殖户有资金方面的补贴，养殖户就越有动力从事养殖业生产，从而养殖户的经济效益也越高。现实中由于无公害认证制度等政策的实施，养殖户可以分为无公害认证水产养殖户和普通水产养殖户两大类。无公害认证养殖户是指其养殖的水产品已经过国家渔业行政管理的无公害认证部门认证的养殖户。

水产养殖户作为追求自身收益最大化的理性经济人，其在养殖生产过程中的行为会受到包括养殖户不按照政府规定的标准进行养殖所能得到的额外收益，按照标准进行养殖的收益，被发现违反标准进行生产的罚金，养殖户违反标准进行生产的行为被发现和查处的概率的影响。因此，根据农户生产行为等经济学理论，养殖户的经济效益会受到养殖户个人特征、家庭特征、养殖生产特征以及政府规制认知等因素的影响。

在对水产养殖产品质量安全政府规制对养殖户经济效益影响因素做出变量界定的基础上，本研究建立水产养殖产品质量安全政府规制对养殖户经济效益的影响因素的理论模型。考虑到我国水产品无公害认证政府规制对养殖户经济效益影响的重要性，而无公害认证又是养殖户的一种自愿选择的行为，并且我国政府相关部门没有对养殖户采取强制的无公害认证措施，因此本研究应用平均处理效应模型作为本研究的理论模型是适宜的，按照样本选择的框架进行两阶段的估计方法。

平均处理效应模型主要用于对某项政策、措施或决策的效果评估，在平均处理效应模型中，虚拟变量经常用来表达是否采取某项政策或决策，虚拟变量取值为1，通常代表采取了某项政策措施或决策，0则反之。表述中的虚拟变量通常采用随机系数，以便反映某项政策或决策对不同个体影响效果的差异性。

这些随机系数的均值即为我们所重点关心的平均处理效应，因此，平均处理效应在形式上是一个二元解释变量的随机参数的平均值。平均处理效应的理论模型具体表述如下：

$$y = X \cdot \beta + \alpha \cdot d + u \tag{6-6}$$

$$d = 1\{Z \cdot \delta - v > 0\} \tag{6-7}$$

其中，式（6-6）是模型的结果方程，式（6-7）是模型的决定方程。X 是结果方程中的自变量所组成的行向量，d 是结果方程中的虚拟变量，也就是观测的养殖户是无公害认证养殖户还是普通养殖户，由于 d 与 u 之间存在内生性问题，模型中用式（6-7）来进一步估计 d，Z 是决定方程中的自变量所组成的行向量，v 是服从标准正态分布的。在具体估计过程中，第一步就是利用 Probit 模型，对决定方程进行估计，得到参数估计值 $\hat{\delta}$，进而可得 d 的估计值 $\hat{d}$；第二步就是用 $\hat{d}$ 代替结果方程中的 d，然后用 OlS 估计法估计出我们感兴趣变量的参数。

6.3　计量经济模型和实证结果分析

6.3.1　计量经济模型建立和变量说明

根据前面的理论变量界定和平均处理效应的理论模型，本研究建立了水产养殖产品质量安全政府规制对养殖户经济效益影响的具体的计量实证模型。本研究具体的平均处理效应实证的结果方程模型如下：

$$y = a + b_1 age + b_2 labor + b_3 edu + b_4 crab + b_5 shrimp + b_6 spe$$
$$+ b_7 aquatime + b_8 sbuy + b_9 label + b_{10} sub + \alpha d + u$$

其中，第一步的具体决定方程模型为：

$$d = 1 \begin{cases} \delta_1 age + \delta_2 labor + \delta_3 edu + \delta_4 crab + \delta_5 shrimp + \delta_6 spe + \\ \delta_7 acre + \delta_8 aquatime + \delta_9 puni + \delta_{10} moni + \delta_{11} indu + \\ \delta_{12} label + \delta_{13} psale + \delta_{14} meaning - \nu > 0 \end{cases}$$

本模型重点考察的被解释变量是养殖户的每亩经济效益，即结果方程中的 y，数据从附录一调查问卷问题项 A7 获得，关键的解释变量是养殖户的类型，

即结果方程中的 d，其代表养殖户是无公害认证养殖户还是普通养殖户，以度量无公害认证政府政策实施的效果。除此之外，还考察政府规制的变量有：政府资金补贴，即模型中的 sub，数据由附录一调查问卷问题项 C2.2 获得；产品标签实施，即模型中的 $label$，数据从附录一调查问卷问题项 B11 获得。上面计量经济模型中自变量所代表的含义、取值范围和赋值内容如表 6-7 所示。

表 6-7　实证模型变量说明

变量名称	变量含义	取值范围	赋值内容
y	养殖户每亩经济效益	连续性变量	养殖户水产养殖业收入减去养殖成本再除以养殖亩数
d	养殖户类型	0~1	0=普通养殖户；1=无公害认证水产品养殖户
age	户主年龄阶段	分类变量	1=30~40 岁，2=41~50 岁，3=51~60 岁，4=60 岁以上
edu	户主受教育程度	分类变量	1=小学及以下，2=初中，3=高中，4=大专及以上
$labor$	养殖业劳动力	连续性变量	家庭水产养殖业劳动力的投入数量
$aquatime$	从事养殖业时间	连续性变量	户主实际从业时间
$crab$	蟹类养殖户	无排序分类变量	蟹类养殖户赋值为 1
$shrimp$	虾类养殖户	无排序分类变量	虾类养殖户赋值为 1
$fish$	鱼类养殖户	无排序分类变量	鱼类养殖户赋值为 0
spe	养殖业收入占家庭总收入的比重	分类变量	1=25% 以下，2=25%~50% 以下，3=50%~75% 以下，4=75%~100% 以下，5=100%
$acre$	养殖规模	连续性变量	养殖户的养殖亩数
sub	政府补贴	连续性变量	养殖户实际得到政府资金补贴数额
$puni$	违规无公害养殖处罚认知	1~5	1=不了解，2=了解一点，3=一般，4=比较了解，5=十分了解
$moni$	无公害养殖质量监管认知	1~5	1=不了解，2=了解一点，3=一般，4=比较了解，5=十分了解
$label$	产品标签实施	0~1	0=没有产品标签，1=有产品标签
$indu$	产业化组织参与	0~1	0=没有加入产业化组织，1=加入产业化组织
$sbuy$	苗种来源	0~1	0=没有固定苗种来源，1=有固定苗种来源
$psale$	产品销售	0~1	0=没有销售合同，1=有销售合同
$meaning$	无公害认证意义认知	1~5	1=毫无意义，2=不太有意义，3=一般，4=有意义，5=很有意义

6.3.2　实证结果分析

在具体的计量实证分析以前，运用 Stata 11.0 统计软件，对模型中所涉及的相关变量做一个描述性统计分析，具体结果如表 6-8 所示。

表 6-8　变量统计描述

变量	样本数量	平均值	标准误差	最小值	最大值
d	406	0.445	0.497	0	1
age	406	2.515	0.756	1	4
$labor$	406	1.926	0.705	1	6
edu	406	1.773	0.657	1	4
$aquatime$	406	11.502	6.405	3	40
spe	406	3.199	1.091	1	5
$crab$	406	0.278	0.448	0	1
$shrimp$	406	0.492	0.501	0	1
$acre$	406	28.497	27.527	2	280
$sbuy$	406	0.652	0.482	0	2
$psale$	406	0.305	0.461	0	1
$indu$	406	0.515	0.500	0	1
$meaning$	406	4.009	0.872	1	5
$label$	406	0.128	0.335	0	1
$subsidy$	406	695.466	5275.767	0	100 000
$moni$	406	2.423	1.007	1	5
$puni$	406	2.300	1.002	1	4
y	406	1 635.439	1 268.716	-2 000	7 000

接着本研究运用 Stata 11.0 对 406 个有效养殖户样本的数据进行了回归处理。在具体的回归过程中，第一步就是利用 Probit 模型，对决定方程进行估计，得到参数估计值，进而可得估计值；第二步就是用 $\hat{d}$ 代替结果方程中的 d，然后用 OIS 估计法估计出我们感兴趣变量的参数，本研究以 y 表示养殖户从事水产养殖业的每亩经济效益，y 为因变量；以政府规制变量 d 为基本自变量，其他变量为控制自变量，分析水产养殖产品质量安全政府规制对养殖户经济效益影响。其中变量 d 是本章重点考察的政府规制变量，其前面的系数 α 也反映政府政策

的效果，即平均处理效应，是由控制了其他自变量时回归得出的结果。模型中所有自变量具体的计量结果如表6-9所示。

表6-9 计量实证结果

变量	系数	标准误差	Z 值	P 值
age	244.206 **	92.397	2.64	0.008
labor	-132.822	91.459	-1.45	0.146
edu	125.479	100.722	1.25	0.213
crab	-361.224 **	171.647	-2.10	0.035
shrimp	-337.506 **	157.337	-2.15	0.032
aquatime	-16.182	10.039	-1.61	0.107
sbuy	152.915	130.956	1.17	0.243
spe	152.232 **	59.889	2.54	0.011
sub	0.037 **	0.012	3.07	0.002
label	-345.999 *	194.803	-1.78	0.076
d	471.667 *	266.408	1.77	0.077
常数项	728.825	441.629	1.65	0.099

注：***、**、*分别表示在1%、5%和10%水平上统计性显著。

根据表6-9中显示的计量结果，我国水产养殖产品质量安全政府规制对养殖户经济效益影响的显著性及其影响程度分析如下。

第一，从水产养殖户的个体特征来看，不同的养殖户的个人特征变量对养殖户每亩经济效益的影响显著性存在差距。养殖户的年龄在5%置信水平上通过检验，年龄大的养殖户从业经验比较丰富，其每亩的经济效益会比较高。养殖户家庭劳动力投入和受教育程度对养殖户每亩经济效益没有通过显著性检验。由于我们的调查对象大多数是分散的小规模养殖户，小规模分散养殖经营状况具有很大的不确定性，尽管水产养殖业技术性比较强，但是从计量结果看户主受教育程度和劳动力投入对养殖户每亩经济效益影响不大。

第二，从水产养殖户生产特征来看，养殖品种作为无排序变量，对养殖户的经济效益影响在5%水平上通过显著性检验，与鱼类养殖户相比，从计量结果来看，我们发现虾类和蟹类养殖户并没有鱼类养殖户的经济效益好。养殖户专业化水平对养殖户每亩经济效益在5%水平上通过显著性检验，这与笔者预期是一致的。鉴于当前水产养殖业的发展情况，专业化水平越高的养殖户，越有动力去提高养殖户的经济效益，从而每亩经济效益也会越高。养殖户的苗种来源和从业时间对养殖户每亩经济效益影响不显著。

第三，从政府规制相关变量来看，养殖户是否是无公害认证养殖户对养殖户经济效益存在显著的影响，在10%置信水平上通过检验，且相关系数也为正，这说明无公害水产品认证养殖户比普通水产品养殖户，在平均意义上，其每亩经济效益会增加471.667元，由此可见，无公害认证水产品的养殖户相较普通养殖户而言，其经济效益要好。我国无公害水产品认证采用产地认证和产品认证相结合的方式进行，是我国为提高水产品质量安全而采取的一种非强制的规制方式。首先，在产地环境方面要求较高，产品质量安全也有国家标准，保证产品的市场形象；其次，无公害认证产品实行产品标志制度，上海市近几年对不同的水产品采用不同的市场准入制度，有利于无公害认证水产品适销对路，市场价格和销量方面有稳固的保障；最后，小规模分散无公害认证养殖户为了保证其产品顺利进入市场，一般来说，养殖户都会加入水产养殖产业化组织，相关渔业产业化组织会提供产前生产指导和产后的产品销售服务，有利于保证无公害认证养殖户提高经济效益。政府资金支持变量对养殖户每亩经济效益影响也有显著的影响，在5%置信水平上通过检验。政府提供资金支持属于我国政府的一种激励性政府规制方式，不仅能降低养殖户的生产成本，而且还能够直接激励养殖户采取努力生产行为以提高其经济效益。产品产地标签变量对养殖户每亩经济效益影响显著，在10%置信水平上通过检验，但系数为负，这说明产品产地标签不利于养殖户每亩经济效益的提高。这是由于标签制度在水产养殖产品的应用还不成熟，一方面实施产品产地标签会增加养殖户的生产成本；另一方面，实施产品产地标签并不能有效提高养殖户的销售收入。

本章小结

前面一章是定量分析政府规制变量对养殖户质量安全生产决策行为的影响，本章则试图对水产养殖产品质量安全政府规制对养殖户经济效益影响做一个定量的研究。基于调查获得关于水产养殖户的生产成本和经济效益数据，运用

SPSS 统计软件进行分析，发现不同水产养殖品种的生产成本和经济效益差别很大，无公害认证养殖户的经济效益要高于普通养殖户的经济效益。由于无公害认证比较容易测度，加上无公害认证在我国是一种非强制的认证措施，因此，本章应用平均处理效应模型，采用两阶段的估计方法，建立水产养殖产品质量安全政府规制对养殖户经济效益的影响的实证模型，基于上海市郊区养殖户调查的数据，运用 STATA11.O 进行计量分析。分析结果显示：在有关政府规制的变量中，无公害认证、政府资金补贴和产品标签对养殖户经济效益具有显著的影响。养殖户是否是无公害认证养殖户对养殖户经济效益存在显著的影响，在10% 置信水平上通过检验，且相关系数为正，这说明养殖户从普通养殖户转变为无公害认证养殖户，其每亩经济效益会增加 471.667 元。由此可以说明，无公害认证水产品的养殖户相较普通养殖户而言，其经济效益要好。养殖户作为理性经济人，参与无公害认证从一定程度上可以提高其从事水产养殖业的经济效益。但是，从笔者样本调查的结果显示，大多数养殖户还没有参与无公害认证。因此，政府可以进一步推广无公害认证制度，尤其加大在养殖户层面的推广，提高相关的认证服务水产，取得广大养殖户的认同，不仅能提高养殖户的经济效益，而且还可以提高水产养殖产品的质量安全程度。

7 国外水产养殖产品质量安全政府规制经验分析及其启示

随着人们生活水平的提高和保健意识的增强，人们对水产品的质量提出了更高要求，不仅讲究营养性、价格、大小、适口性，而且越来越关注水产品的安全卫生。加入 WTO，对我国水产品质量提出了更高的要求，无污染、无公害的优质水产品将成为进入国际市场的首选产品。

自 2000 年起，我国水产品出口额已连续六年居农产品出口额首位，成为我国重点出口商品，这表明水产品出口在我国农产品出口及我国外贸出口中占有重要地位。目前，我国向 100 多个国家和地区出口水产品，日本、欧盟、美国是我国主要的水产品出口地区，也是对我国水产品设置技术壁垒的主要国家和地区。发达国家的进出口贸易和产品来源与品种的多样化，使其对水产品安全性极为关注，在产品检验和质量控制上大量投入，取得了全球同行业的先进和主导地位。因此，分析这些国家水产品质量安全要求和政府水产养殖的规制经验，对于提高我国水产养殖产品质量安全政府管理水平具有较强的借鉴意义。

7.1 欧盟诸国水产养殖产品质量安全政府规制经验分析

欧盟诸国西濒大西洋，南临地中海，北有波罗的海，渔业资源丰富，渔业发达，欧盟的水产养殖产量居世界前列。欧盟各国也是全球人均消费水产品较多的地区，每年要进口大批水产品来满足市场供应。近几年来，进口鲜活水产养殖产品产量逐年在增长，因而特别重视水产品的质量安全管理。欧盟是世界上对水产品质量安全要求最严格的地区之一。正确理解并掌握欧盟水产品质量安全管理经验和相应的法规，对于确保出口水产品符合欧盟新法规的要求，明确我国水产养殖产品质量安全的政府管理方向有重要的意义。

7.1.1　欧盟水产养殖产品质量安全政府机构和管理职能分析

欧盟委员会是欧盟的常设执行机构，负责起草政策、法规、报告和建议，并保证欧盟的政令在各成员国执行上的畅通，是欧盟唯一有权起草法令的机构，受欧洲议会的监督。在食品安全机构设置上，欧盟成立欧盟食品安全管理局，其主要职责是为影响食品安全的因素提出自主及专业的建议。该机构对食品安全管理实施从农田到餐桌的全过程监控。该机构的主要职能在于食品安全问题方面的风险评估和科学建议，就与食品及饲料安全有关的所有事项提供独立的科学建议。欧盟食品安全管理局职责广泛，可覆盖食品生产及供应的所有阶段，从初级生产，动物喂养安全，到对食品消费者的供给，水产养殖产品质量安全管理也归属于食品安全管理局。它在全球范围内收集信息，关注食品和水产品科技新发展。各成员国根据欧盟食品安全法令和本国法律，由农业行政主管部门按行政区划和农产品品种类型设立全国性、综合性和专业性监测机构。各成员国地方政府也设有相应的水产品质检机构，负责水产品产地环境和生产过程的监督检测。

随着进入欧盟市场水产品数量和品种的逐年增多，欧盟食品安全管制过程中对药物残留、放射性残留、重金属等的含量检测日趋严格。欧盟食品安全管理局对进口水产品质量和卫生要求越来越严。欧盟在水产养殖领域全面推行HACCP制度，从原料生产开始，保证生产过程的各个环节达到质量要求，从而确保最终产品的质量。欧盟要求对输入的水产品加强安全检查，不管从哪个成员国的口岸进来，都要根据统一标准接受安全和卫生检查。任何一个海关，只要在检查时发现进口的产品不符合欧共体的标准，可能会危及消费者的健康和安全，不仅有权中止报关手续，还会立即通知其他海关口岸。

7.1.2　欧盟水产养殖质量安全法律法规体系分析

欧盟食品安全管制的主要形式为禁令形式。一旦发现在某一地区存在着影响食品安全的明确威胁后，可以以禁令形式对来自某国的产品进行无一例外的封锁进口。禁令形式以法律为基础，它为一系列实际措施敞开大门，来确保委员会的运作。最重要的是，它使欧盟启动一系列实际措施，包括管理委员会及执行董事的任命，使管理局具有法律效力。欧盟为保护本区域食品质量安全，制定并实施了一系列的严格法律法规。2004 年欧盟理事会与欧盟议会将以往的法规进行合并简化，整理更新，相继出台了一系列涉及食品安全卫生的新法规，其中包括对水产品质量安全的法律法规的出台。

欧盟理事会于 2006 年年底，针对水产养殖颁布了最新的 88/2006 法规，强调在对养殖场的审批过程中，应该把更多的精力放在如何预防疫病和疫情的发生，同时对养殖水生动物的任何移动都要有相关记录，包括运输过程中发生的所有事件，如死亡率和换水情况，这种移动应记录在动物健康证书中[①]。该法规除包括以前常见的养殖品种外，还针对当前国际市场新开发的深海养殖鱼种做了具体规定。此外，该法规还详细列举了各种鱼类传染病及其易感染鱼种，对各种易感染鱼种制定风险分析，对官方的监管模式和监控频率给出建议，为养殖业主的规范生产和官方人员的监管提供了科学的理论依据。88/2006 法规对水产养殖从源头到餐桌的整个过程制定了一个科学健康的工作模板和法规指导[②]。

有关水产养殖技术法规方面，欧盟水产品技术法规总共有十件。其中控制水产品中微生物、兽药残留、重金属、污染物限量的技术法规有四件。即 2377/90/EEC 关于动物源性食品中兽药最大残留限量的法规；93/51EEC 关于煮甲壳类和贝类产品的微生物指标；93/351EEC 水产品中汞的分析方法、取样方案和最高限量的确定；95/149EEC 水产品中挥发性盐基总氮（TVB－N）的限量标准及其测定方法的规定。这些技术法规规定了在欧盟市场销售的水产品质量卫生安全要求，是进入欧盟水产品市场的最低技术指标要求。

欧盟对水产品的安全卫生技术法规比较全面。欧盟通过（ECC）No2377/90和（EC）No466/2001 两个条例，规定了包括水产品在内的所有动物源性食品中

---

① 张明，管恩平. 欧盟水产品新安全卫生法规及我国的应对措施. 中国食品卫生杂志，2007（8）：426－429.

② Council Directive 2006/88/EC of 24 October 2006 on Animal Health Requirements for Aquaculture Animals and Products thereof, and on the Prevention and Control of Certain Diseases in Aquatic Animals［J］. Official Journal of the European Union，2006，L 328/14.

兽药和重金属及污染物的安全限量，欧盟制定的部分指标非常严格，但很科学合理①。

7.2　美国水产养殖产品质量安全政府规制经验分析

在美国的水产品消费中，有45%以上是靠进口，而在这些进口产品中，多数为养殖产品。虾类、鲶鱼、鲑鳟鱼、罗非鱼和头足类都是美国人比较偏爱的水产养殖产品②。美国本国内水产养殖业不是非常发达，其在大农业中所占的比重不高，但是由于美国是水产品消费大国，美国对本国的和进口的水产品都有非常严格的要求。

7.2.1　美国水产养殖产品质量安全政府机构设置及其职能分析

美国政府对水产品质量安全高度重视，在管理机构设置方面，美国联邦政府管理水产品及其原料质量安全的管理机构有食品药品管理局、环境保护局、农业部农业研究服务署、动植物卫生检疫局、国家海洋渔业局。涉及水产养殖和水产养殖产品质量安全方面，食品药品管理局管理本国和进口水产品在市场上流通，还负责水产品饲料和渔药生产管理，并负责水产品质量及其标准的制定和执行。环境保护局则管理渔药残留的最大允许限量，负责管理水产养殖水域安全问题。农业部农业研究服务署则对水产养殖产品遗传改良和育种管理，加强对水产生物的科学研究。动植物卫生检疫局则负责对水产生物疾病进行风险评估。国家海洋渔业局则实施义务性水产品检验和等级计划，确保水产品质量安全与卫生。除上面各个机构有明确的分工外，美国政府还加强机构之间管理职能的合作。在水产养殖过程中的苗种质量、养殖操作规范等由农业部和食品药品管理局共同执行。美国的水产养殖用药由食品药品管理局和环境保护局联合把关③。

---

①　康俊生. 我国与欧盟水产品安全卫生标准对比分析研究. 农业质量标准，2005（2）：44 - 48.
②　INFOYU，刘雅丹. 美国水产养殖产品市场现状与展望. 渔业现代化，2002（3）：37 - 38.
③　郑宗林，罗强，曹升洪. 美国水产品质量安全体系概况. 水产科技情报，2008，35（1）：9 - 12.

7.2.2　美国水产养殖质量安全的法律法规及其管理措施分析

美国的法律体系比较完善，不仅在国家层面上制定了完善的法律法规，还有完整的行业性法律法规。涉及水产品质量安全方面，美国就有《联邦食品法》、《食品质量保护法》、《消费者健康安全法》，相关的机构必须严格遵守法律程序，以保证水产品质量安全。涉及水产品质量安全的法律法规的制定发布具有严密的程序，以保证法律制度的科学性。美国联邦法典中有明确的章节规定水产品质量安全相关法律规范，在法律中明确规定政府和企业在保障本国食品安全中的重要作用。食品药品管理局制定的《食品法典》提供了一套防御系统和安全措施，以最大限度减少食源性疾病，确保食品在安全、无毒、干净的设备和可接受的食品卫生条件下生产。

美国的水产业也有灵活、科学的行业性法律法规。美国对水产品质量卫生安全管理的主要手段是 HACCP，即"危害分析与关键控制点"，美国食品药品管理局制定了《水产和水产品加工和进口的安全与卫生程序》，即《水产品 HACCP 法规》，法规明确规定水产养殖业者必须制定 HACCP 计划来监督和控制生产操作过程，必须首先根据各自生产和加工的具体情况，确定影响水产品质量安全的关键控制点。然后，受监督的养殖业主必须在每个关键环节设定严格的限制，监视活动也就成为必要，以确保达到关键的限制。在每个 HACCP 计划中，必须说明监督的过程和频率。HACCP 计划还包括记录保存和验证的步骤，包括对一些食品进行微生物检测，以确保病源菌的含量没有达到安全上限。除了从具体制度上保证水产品质量安全外，美国政府还高度重视对水产品质量安全管理人员和检测人员的培训。美国食品药品管理局设有面向全世界的水产品质量安全培训中心。培训中心有正规的授课教师和教材，以帮助接受培训的学员尽快掌握相关知识。

由于美国消费的水产品大多来自于进口，因此美国对进口水产品质量安全有非常严格的规定。美国政府要求进口商有责任确保进口的水产品符合本国的法律，进口的水产品应是安全的、卫生的。法律要求进口商应对国外工厂进行验证，验证可以采取两种办法：①从签署谅解备忘录的国家进口；②实施验证程序。美国食品药品管理局对进口水产品提出了非常严格的要求，实施严格的抽验检测制度，并有明确的进口水产品药物残留限量表规定残留上限。

7.3　挪威水产养殖产品质量安全政府规制经验分析

挪威的地理条件独特，国土呈狭长形，海岸线长达两万多千米，多山和峡湾，且水质良好，非常适合水产养殖业的发展。挪威是世界上重要的水产品贸易大国，其水产品出口量保持在世界前三名的位置。挪威水产品出口量如此之多与其完善的水产品质量安全政府规制体系密不可分。

7.3.1　挪威水产养殖产品质量安全政府机构设置及其职能分析

挪威很重视渔业管理，尤其是水产品质量管理，无论是机构的设置，还是政策的制定和实施，都以质量安全为主线。挪威水产品质量安全管理体系可分为行政管理体系、渔业法规体系和执法体系[1]。根据这三个体系的划分，挪威水产品质量安全管理和监控职责由五个机构负责。这五个机构分别是挪威渔业与沿海事务部；挪威食品安全局；挪威渔业局；挪威营养与海产品研究所；挪威海产品出口委员会[2]。在水产养殖产品质量安全方面，这五个机构执行各自任务又相互合作确保水产养殖产品质量安全。

挪威渔业与沿海事务部负责制定渔业法律法规、中长期规划和年度计划、经费预决算以及负责国际渔业的谈判、签署协议等，以可持续发展为理念规划本国水产养殖业的发展，最终目标就是要建立一个消费者可以信赖的管理和监控系统，保证水产养殖产品从养殖场到餐桌整个产业链的质量安全。挪威食品安全局通过实施风险分析来保证水产品的质量安全。风险分析从风险管理、风险评估、风险通报三个方面展开。通过科学的风险分析，挪威食品安全局为挪威渔业局提供专家性建议。

---

① 邵桂兰，刘景景，邵兴东. 透过挪威经验看我国水产品质量安全管理体系与政府规制. 中国渔业经济，2006（5）：17－20.

② 陈洪大. 挪威水产品质量安全监管体系的调研报告. 现代渔业信息. 2007（11）：15－17.

挪威渔业局主要负责贯彻和执行渔业及水产养殖的法律法规，具体管理水产养殖业的发展，并负责水产养殖许可证的颁发。挪威水产养殖许可证明确了持有者的权利和义务，每个养殖许可证都标明养殖场的位置、养殖的品种和养殖的规模。没有养殖许可证，任何人不得随意从事养殖活动。挪威渔业局定期检查养殖场的各项活动是否在养殖许可范围之内，有许可证的养殖场才可以销售水产品给消费者，这个制度有力地保证了水产养殖生产是在政府规制下有序健康的发展，这样能从源头上避免大规模的水产养殖疾病的暴发，也保证了产品的质量安全。为了进一步保证水产品质量安全问题发生的可查找性，挪威渔业局对水产养殖产品实行可追溯系统管理。

由于挪威海洋捕捞和海水养殖都比较发达，挪威又成立了挪威营养与海产品研究所和挪威海产品出口委员会两个机构来专门负责海产品的质量安全。挪威营养与海产品研究所主要从事从水产养殖场到餐桌食物链的全过程的风险评估，包括鱼的饲料、鱼的营养、水产品质量及食用水产品对人类健康的影响等，并执行官方监控计划，实施水产品的有毒、有害物质，生长激素和鱼饲料等检测。挪威海产品出口委员会是连接政府、研究机构、渔业和消费者的桥梁，为消费者提供准确的可信赖的海产品信息，并把消费者的需求反馈给政府相关部门、渔业行业和研究机构。

7.3.2 挪威水产养殖法律法规及其质量安全管理措施分析

挪威政府对水产养殖实行了严格的管理，挪威的水产养殖业由渔业部、环境部、农业部、地方政府与劳工部颁布了一系列法规、条例，规范管理并严格实施。以确保本国水产养殖制度化、法律化，并以水产业可持续发展为理念。挪威水产养殖有关法规牵涉到四个部门的六项法规，如表 7 – 1 所示。其目的是保证这一新兴产业的平衡发展，使其发展与所依赖的环境之间保持一种平衡，对养殖发展所产生的弊病予以控制，保证产品质量优等，配合技术指导、质量控制、研究教育等社会化服务工作。政府有关部门与养殖业主合作制定的养殖法规、条例，对养殖产量的稳定增长，特别是在防治鱼病和保护养殖产品质量方面起着重要的作用，这也提高了挪威水产养殖品的市场竞争力。

表 7 - 1 挪威水产养殖法律法规名称及其颁发部门

法律法规名称	颁发部门
水产养殖法	渔业与沿海事务部
水产品质量控制法	渔业与沿海事务部
渔港、运输法	渔业与沿海事务部
鱼病防治法	渔业与沿海事务部
污染防治法	环境保护部
有关鱼类孵化养殖场的构造、装备、建立和扩建条例	环境保护部
建设和法规	地方政府和劳动部

2005 年颁布的《水产养殖法》是挪威水产养殖管理最重要的法律法规，该法于 2006 年 1 月 1 日正式生效实施。该法为挪威管理、控制和开发在内陆水域和海洋（内海、领海、专属经济区和大陆架）区域的水产养殖制定了规章制度。该法涵盖任何水生动物的养殖，以及养殖活动所涉及的各环节，包括从育种亲体到孵化，直至可餐之鱼的整个生产过程，还包括海洋放牧形式的养殖活动。水产养殖法的宗旨是在可持续发展和为沿海地区创造价值的框架下，提高水产养殖业的获利能力和竞争能力。政府有关部门与养殖者合作制定的养殖法规、条例，对养殖产量的稳定增长，特别是在防治鱼病和保护养殖产品质量方面起着重要的作用，这也提高了挪威水产养殖品的市场竞争力。挪威有关水产品质量安全管理的法律较多，表 7 - 1 中的法律法规，分别规定了渔业产品质量安全保证、无公害养殖操作、渔用药物管理等方面的制度。

在水产养殖环境控制方面，挪威十分重视水产养殖场的水环境，并采取了"两度一料"的控制措施，即控制养殖场密度，规定养殖地点之间的距离最少维持在一千米以上；限定养殖密度；控制投放饲料量，确保饲料能被鱼类利用或完全分解。这些措施维持了良好的水环境，有效降低了病害的发生率。

挪威对水产养殖产品生产环节质量安全规制主要从水产养殖病害报告制度、用药监督制度、养殖产品检测制度、饲料监管制度、养殖记录规定和产品标签规定等几个方面着手①。这些制度有效的制定并执行，为水产养殖产品从池塘和餐桌的质量安全提供了保障。

第一，病害报告制度。挪威政府完全遵照国际兽医局的规定执行，养殖场发生疫病要立即报告渔业局区域办事处和相关的饲料厂，区域办事处派员或指定兽医到场诊断病情，或抽样送试验室检测。重大疫情诊断和检测结果要报渔业局。

第二，用药监督制度。药厂实行许可证管理。疫病发生后，必须由渔业局确认的兽医进行诊断并在其指导下使用药物。在12个月内使用过某种药物的产品，在上市前必须进行该种药物的药残检测。

第三，饲料监管制度。水产养殖场一年的饲料使用量是经渔业局严格审核，每个养殖场不能超量购买饲料，不能使用自制饲料，法律严格规定饲料厂不能超量供应给养殖饲料，否则，一经发现就会得到严厉惩处。

第四，养殖记录规定。养殖场在养殖过程中必须记录各种相关信息，包括水质检测、饲料使用和药物使用情况等。

第五，产品标签规定。产品出场前需要贴有标签，标签内容应包括养殖场养殖执照编号、养殖品种、重量、等级和出场日期等。一旦发现产品质量安全问题，有关部门可以通过这些信息资料有效地追溯到生产源头。

第六，死鱼处理规定。每个场配有死鱼集中收集容器，集中后，送到特定的加工厂做进一步处理。

挪威也非常重视在水产养殖方面HACCP体系的建设。在挪威的质量控制理念中，是必须从各个生产环节关键点进行控制，否则无法保证质量安全。养殖许可证制度是挪威政府严格管理的又一个体现，通过颁发养殖许可证，主管当局能有效控制水产养殖的规模，并对水域环境实施有效保护。养殖许可证对养殖场地规模、发放总数、申请者条件均做了具体详细的规定，没有养殖许可证，任何人不得从事水产养殖活动。

总之，挪威对水产养殖的质量控制，从原料生产开始贯穿到各个环节，文

① 丁晓明.挪威水产养殖管理体制及经验.中国渔业经济研究，2000（4）：38-39.

件体系、记录体系比较完善，真正做到从受精卵到屠宰场的整个生产链都实行严格控制，确保了水产养殖产品的质量安全。

7.4 日本水产养殖产品质量安全政府规制经验分析

日本国内消费的食品61%来自于进口，因此日本政府对食品安全的规制非常重视[①]。日本是水产品进口与消费大国，水产品是占国民摄取动物蛋白40%左右的食品，因此，水产品质量安全管理在食品安全管理中占有重要地位[②]。日本从组织机构的设置、水产品质量安全技术法规、标准的制定和相关制度的实施等方面来确保本国市场上的水产品质量安全。

7.4.1 日本水产养殖产品质量安全政府机构设置及其职能分析

日本水产品质量安全政府组织机构，主要涉及食品安全委员会、农林水产省和厚生劳动省等政府部门。从机构来讲，日本政府对水产品质量安全的管理是一个多头管理的格局，但在管理职能方面各有侧重。

日本食品安全委员会主要负责实施食品安全风险评估和对风险管理部门进行政策指导与监督，并负责食源性疾病危机处理工作。根据风险评估结果，要求风险管理部门采取应对措施，并监督其实施。以委员会为核心，建立由相关政府机构、消费者和生产者等广泛参与的风险信息沟通机制，对风险信息实行综合管理。其下属负责专项案件的检查评估，分为化学物质评估组、生物评估组和新食品评估组，分别指导农林水产省和厚生劳动省有关部门开展工作。

厚生劳动省主要负责加工和流通环节水产品安全监督管理。其工作内容是根据食品安全委员会的风险评估，制定食品、食品添加剂、残留农药等的规格和标准；并通过全国的地方自治体或检疫所，对食品的质量安全进行监督检查。风险管理由农林水产省和日本卫生、劳动和福利部分工协作完成，在日本卫生、

———————————

① Yamashita, K. 2008 Japan's Agricultural Policy Stagnates Amid Surging Food Prices: Elimiange Acreage Reduction Programs, Boost Production, and Promote Export. In: Nihon Keizai Shimbun, Tokyo.

② 张晓丽，孙喜模. 日本水产品质量安全管理状况简介. 中国水产，2004（12）：37-38.

劳动和福利部内部有专门的食品安全部门负责国际市场上食品政策和产品标准法的实施①。

日本农林水产省负责水产品质量及卫生安全的机构是下属的水产厅和消费安全局。水产厅负责水产品的经营、加工与流通，资源的保护、管理，渔业生产的监督、管理等，侧重于行业生产管理。消费安全局主要负责产品标志、价格对策、水产品质量安全、水产养殖用药的使用、水产品生产过程风险管理、风险通报等，侧重于消费者利益保护。

另外，日本水产社团组织和事业单位机构对日本水产品质量安全管理也有着相当重要的作用，这方面组织机构主要有大日本水产会、日本水产综合研究中心和日本水产研究中心养殖研究所。大日本水产会成立于 1882 年，属社团法人组织，是日本唯一的渔业综合性团体，以振兴渔业和促进日本经济、文化的全面发展为宗旨。其主要职能有：健全经营管理机制、渔业的改革与发展、渔业环境保护、水产品质量安全监督管理。日本水产综合研究中心原属农林水产省的下设机构，为事业单位。主要从事试验研究、栽培渔业技术开发、资源调查等。主要进行水产良种生产技术、资源增殖技术、珍稀水生生物繁育及增殖技术等开发研究。2003 年 10 月日本栽培渔业协会合并到了日本水产综合研究中心，设立栽培渔业中心，主要负责病害防治和药物监控。日本水产研究中心养殖研究所，主要工作是进行海水和淡水鱼类繁育、苗种培育、饲料饵料、增养殖环境、鱼类病原体控制、健康管理、鱼病诊断等研究和技术培训。

7.4.2　日本水产养殖法律法规及其质量安全管理措施分析

日本是一个法制比较健全的国家，与水产品质量及安全卫生相关的法律有《食品安全基本法》、《农林物质及质量标志标准化法》、《食品卫生法》等②。

2003 年颁布并实施的《食品安全基本法》强化了包括水产品在内的食品质量安全的监督管理。该法的立法目的和基本理念包括三个方面：一是保护国民

---

① Edward I. Broughton, Damian G. Walker Policies and Practices for Aquaculture Food Safety in China. Food Policy, 2010（35）：471 –478.

② 李清. 日本水产品质量安全监管现状. 中国质量技术监督，2009（6）：78 –79.

的生命和健康；二是确保食品在供应环节的质量安全；三是符合最新科研成果并顺应国际动向需求。之后，2003 年 5 月 30 日日本修订并实施了《食品卫生法》，修订后的该法明确规定了食品的成分规格、药物残留标准、食品的标志标准、有关食品生产设施标准、管理运营标准等标准设定的框架；同时明确了中央政府对进口食品的监督检查框架及各县政府对国内食品生产、加工、流通、销售业者的设施监督检查的框架；并明确了对国内流通及进口食品质量监督管理的程序及处罚。这两部法律作为统领全面性的食品安全卫生法，对其他涉及食品安全的法律法规有重要的指导作用，对日本水产养殖方面的法律法规也有着重要的影响。为确保本国食品安全和水产养殖业的健康发展，日本自 20 世纪 50 年代开始，相继颁布了《药事法》、《饲料安全法》、《农林物质及质量标识标准化法》和《可持续养殖生产确保法》，这些法律法规一再的修订以确保本国水产品质量安全符合时代要求。《可持续养殖生产确保法》是 2005 年 4 月修订实施的，该法确定了"鱼类防疫员"和"鱼类防疫协力员"的义务和责任，确保从生产源头抓好水产品质量的监管工作①。

除了实施相关的法律法规来确保水产养殖产品质量安全之外，日本还采纳水产品质量安全可追溯制度、药物残留的肯定列表制度、水产品质量安全的认证制度和水产品质量安全"110"紧急报警制度，以加强对水产养殖产品质量安全的管理。日本水产品质量安全可追溯制度与 GAP（良好农业规范）、HACCP和 ISO 22000 食品安全管理国际标准等的实施有机结合，确保水产品安全生产。日本对水产品质量安全可追溯制度比较完善，对养殖水产品制定了不同的质量安全可追溯操作规程。肯定列表制度是指日本为加强食品（包括可食用农产品）中农业化学品（包括农药、兽药和饲料添加剂）残留管理而制定的一项新制度。该制度对水产品中化学品残留限量的要求更加全面、系统、严格，对农药、兽药及饲料添加剂的成分都设定了允许残留限量的标准。

日本对水产品质量安全也采取了国家认证和地方认证相结合的方式，以进一步推动安全水产品的生产。用于日本水产品质量安全领域的全国性认证主要

---

① 李清. 日本水产品质量安全监管现状分析及启示. 世界农业，2009（9）：36 – 40.

有五类，其中有关产品的认证主要是基于《JAS 法》的一般农林规格、有机农林规格和生产信息公开规格；有关体系的认证主要是 ISO22000 和 HACCP。

总之，日本政府理顺监管体制，强化执法力度，在水产品的质量管理，围绕质量安全所进行的完善法规、加大政府资金投入、水产技术的基础研究、应用技术开发等方面的工作，非常值得我国借鉴。

7.5　国外水产养殖产品质量安全政府规制对我国的启示

国外水产养殖产品质量安全政府规制的经验表明，在水产养殖产品质量安全管理方面，除了依靠市场主体建立在维护自身利益基础上的自律来规范外，更主要的是要依靠政府超市场的规制力量来规范，以减少水产品市场失灵。欧盟、美国、日本和挪威水产品质量安全管理体制设置表明，这些国家和地区都将水产品质量安全纳入国家公共管理的范畴，并加大支持力度，增加财政支出投入，加强市场监管。政府有明确的行政管理体系，对水产养殖产品质量安全实施一体化管理。另外，这些国家和地区都制定完善和明确的法律法规，从制度上保证水产养殖产品质量安全的有效管理。并且还发挥水产养殖社团组织和事业单位的作用，这些机构履行水产养殖产品质量安全监管责任是政府部门有益的补充。

这些国家和地区都建立了适合本国，且与国际接轨的标准和安全认证质量管理体系。在水产养殖领域，这些国家和地区实行横向管理和纵向管理相结合的管理方式。横向管理体系以各种法律法规健全、组织执行机构配套、政府和企业逐步建立实施"HACCP"的预防性控制体系为特征。纵向管理体系以实施从田头到餐桌的全过程管理为主。在管理手段上强调多种手段相结合，即强调制定完善的水产品质量安全标准、建立检验检测体系、实施市场准入制度、规定严厉的法律责任等制度手段与监督检查、食品质量安全教育宣传、生产操作培训、组织、支持和鼓励食品质量安全方面的科研和合作等行政手段相结合。

本章小结

　　本章试图分析国外水产养殖产品质量安全政府规制的经验。在分析对象国家上，本章选择欧盟及美国和日本等水产品进口大国，挪威由于先进的渔业行政管理体系和理念，也是本章参考的对象之一。通过对这几个国家规制经验梳理之后，笔者发现，这些国家政府不但从宏观角度上非常注重本国水产品市场上的产品质量安全监控，也非常注重从微观角度建立水产品质量安全政府规制措施。因此，我国要进一步扩大水产品国际贸易，不仅要从宏观层面上完善我国水产养殖产品质量安全政府规制体制，也要从微观层面上建立切实可行的措施保证和提高我国水产养殖产品的质量安全程度，同时对于养殖户的质量安全生产行为的有效规制也是不容忽视的。

8　政策建议和研究展望

本章在结合水产养殖现状问题分析、计量实证分析的结果和国外水产养殖产品质量安全政府规制的经验分析基础上，提出完善我国水产养殖产品质量安全政府规制的政策建议，以为我国水产养殖业在质量安全可持续发展方面提供借鉴。

8.1　政策建议

8.1.1　制定完善的水产养殖产品质量安全法律法规，并有效执行相关法规

市场经济是法制经济，要从根本上解决我国水产品质量安全问题，必须加强法律和法规的建设。为此，应加快水产品质量安全管理方面的法律法规建设，通过法律手段约束政府、企业、消费者和中介组织等所有市场参与者的行为，达到有效防止水产品市场的失灵带来的问题。目前我国水产品质量安全的法律和实施情况并不理想。我国以前在水产品质量安全方面，多以国务院和部门的行政文件作为管理依据，行政性文件在执行过程中存在的约束力不强的问题逐步显现出来。也有一些与水产养殖产品质量安全相关的法律法规，比如《食品安全法》、《农产品质量安全法》、《动物防疫法》、《进出境动植物检疫法》和《标准化法》，但是我国还没有明确水产养殖产品质量安全的国家法律，也没有针对水产养殖业的生产责任法，这无疑弱化了水产养殖的执法力度，因此，有必要制定科学的水产养殖产品质量安全相关的法律法规。针对目前不同部门制定的法律法规条文不一致的问题，进行更为明确的规定；建立有关水产品安全

监管方面较为系统的法律法规，做到有法可依。同时，进一步加强对水产品安全事故的责任追究，建立水产品质量安全召回制度，为查处和销毁不安全水产品提供法律依据。

水产养殖业的执法人员是确保执法实效的基础条件。完整合理的水产养殖业执法队伍和高素质的执法人员，是确保水产养殖产品质量安全违法行为"有法可依、有法必依、执法必严、违法必究"的根本保证。从上海市 A 镇和 B 镇政府水产养殖质量产品安全开展工作案例可以看出，不同的人员配置和执法力度对水产养殖产品质量安全有很大的影响。因此，渔业行政管理部门必须不断发展和壮大水产养殖业的执法队伍。

对于现有的法律法规，则要加大执法力度，严惩违规行为。市场经济在内容上是法制经济，但在形式上是契约经济，这就要求必须有法律法规的严格执行做保障和支持，从而构建市场经济的法治秩序。因此，针对我国现有水产养殖执法力度薄弱的缺陷，有必要强化水产养殖执法体系的建设。完善有关渔药使用与管理方面的法规，制定出适合我国水产养殖业生产实际的渔药使用目录。对于违规养殖业者，一定要严格执行相关的处罚条例，并明确提高违规处罚的力度，提高养殖业者违规的机会成本，长此以往，水产养殖者就会自觉遵守健康安全的养殖行为法规。另外，随着经济的全球化，水产品贸易全球化程度也越来越高。加快完善水产养殖产品质量安全法规体系，提高我国水产品贸易的竞争力，使之符合我国国情又能与国际接轨已势在必行。

8.1.2 建立高效、有组织、责任明确的中央和地方质量安全政府规制体系

明确水产养殖产品质量安全管理的政府职能——统筹与分工是水产养殖产品质量安全监管体系的核心内容。水产养殖产品属于食品大类中的一类，也是农产品中的一小类。我国目前规定国家食品药品监督管理局对食品安全进行综合监督、组织协调和依法组织开展对重大事故的查处。在现实中，由于政府规制机构面临信息不足，也缺乏动力机制，因此造成水产养殖产品管理力度偏弱和职能分散，没有明确的统筹和分工。由于水产品种类的繁多和监管链条过长，

加上水产养殖产品质量安全的特殊性和复杂性，需要农业部渔业局及其下属地方相关行政部门开展工作。

我国目前实施的分部门、分段监管模式导致了各部门职能的重复设置和利益协调的困难。我国由于人口众多，保障水产品质量安全涉及多方面的内容，如果实行单一部门的管理，管理的难度将非常大。鉴于水产养殖所涉及的环节多，各环节专业性强，也很复杂的状况，整个水产品生产供应链应该分环节进行管理。但是要理顺并明确部门及个人职责，责任到位，责任到人。

针对目前我国水产养殖者分散化较高，有必要明确渔业行政管理部门的责任，并强化其对水产养殖产品质量安全的监管职能。笔者建议建立统一的食品安全委员会水产品分会。该水产品分会专门统筹负责对水产养殖产品质量安全的引导和管理工作。建立以农业部渔业局和各级地方渔业行政管理部门为核心，其他部门协调配合的水产养殖产品质量安全管理的行政体制。各个地方渔业行政部门要明确本区域水产养殖产品质量安全的管理职能，只有这样才能把全国与地方的水产养殖产品质量安全统筹管理起来，以应对我国水产品质量安全管理的多头现象，减少政府规制的不合理性和盲区。从前面上海市镇级水产养殖产品质量安全工作开展案例可以看出，镇政府的相关渔业行政管理非常重要，因此，我国现有的水产养殖政府监管体系的重心要下移到县、镇一级。建设以县为单位养殖环境和养殖产品监测网，开展定期、常态的检测，出台地方水产养殖标准，开展执法监督管理，指导养殖生产。

8.1.3　政府要加强宣传、培训和信息服务，转变水产养殖户的传统观念

水产养殖产品质量安全建设是一项系统工程，涉及面广，要充分利用各种媒体加大对水产品质量安全建设政策、法规、标准、技术等方面的宣传培训力度。要多渠道、多形式、多层次地开展有关水产品质量安全基本知识和法规的宣传和培训。采取专题讲座、研讨、现场咨询、公益广告等形式，提高社会认知度，使得广大分散的养殖户也能够清楚地了解政府对水产品质量安全方面的规范措施。转变水产养殖户的传统观念，提高水产养殖技术水平。地方政府应

该利用所有媒体广泛宣传无公害水产养殖的法律法规，使广大人民群众明确水产养殖产品质量安全关乎千家万户，关乎每个人的身体健康，明确水产养殖产品质量安全问题主要是人为造成的，也即是水污染和养殖投入品造成的，只要控制了水污染，规范了养殖投入品的使用，水产养殖产品的质量安全就没有问题。因此，每个人都要树立保护环境的意识，提高公民素质，减少污染，政府要加大对污染治理的力度，修复环境；水产养殖业者要提高职业道德，依法使用养殖投入品，渔业主管部门要加强监管。

渔业主管部门要加强对水产养殖从业人员的培训工作，通过分期分批培训，使水产养殖业者特别是业主全面了解并掌握以下知识：《中华人民共和国农产品质量安全法》、《中华人民共和国渔业法》、《国务院关于加强食品等产品安全监督管理的特别规定》（中华人民共和国国务院第 503 号令）、《水产养殖质量安全管理规定》（中华人民共和国农业部第 31 号令）、《水产养殖产品质量安全管理规定》和《食品动物禁用的兽药及其他化合物清单》（农业部公告 193 号令），以及无公害养殖生产所应遵循的标准。这样，水产养殖者才能自觉做到以下三点要求：①养殖生产等记录必须完善：水产养殖场应当建立生产记录。养殖生产记录、饲料使用记录、渔用药物使用记录、销售记录等必须要如实记载，并保存两年。禁止伪造生产记录。②投入饲料要求：投入的饲料必须符合 NY 5072—2002 要求，严禁不合要求的饲料投入使用。③投入药物要求：投入的药物必须符合 NY 5071—2002 要求，严禁使用《食品动物禁用的兽药及其他化合物清单》（农业部公告 193 号）中的药物。严格执行投入药物使用安全间隔期或者休药期的规定。渔业主管部门还要加强监管与指导，规范无公害水产品养殖行为，保证养殖生产环节的质量安全。

政府部门要加强公共管理，为生产者和消费者提供明晰的信息服务，减少信息不对称现象。具体到水产养殖生产领域，要求水产养殖户供应的水产品携带有关信息的产品标签；建设渔业信息化管理平台、产品质量安全信息平台和顾客追溯体系。上海市渔业档案建设就是一个很不错的实践案例，从源头上保证水产养殖产品的质量安全。

8.1.4 建立健全水产养殖产品的标准和认证体系，要求养殖户严格执行操作规程

作为水产养殖大国和水产品消费大国，我国必须主动将国内标准与国际标准接轨，建立起适应水产品国际贸易要求的安全标准体系。一方面，要建立健全国家标准、行业标准和生产者（包括养殖户）安全生产操作规范的水产品质量安全标准体系，保证水产品安全生产；另一方面，以所制定出的标准体系为依据，制定出水产品安全卫生标准、修订计划，对目前的水产品安全卫生标准进行彻底的清理和修订，从根本上改变我国水产品安全卫生标准在体系上存在的问题。确定水产品质量安全标准制定原则和依据，增强标准的可操作性，逐步实现我国标准体系与国际惯例的接轨。

从本研究的计量结果来看，无公害认证养殖有利于养殖户经济效益的提高。相关政府积极培育一批运作规范、社会信誉高、符合国际通行规则的水产品质量安全认证机构，政府要明确无公害水产品认证的法律地位；采取各种财政支持措施，充分发挥行业协会、水产养殖企业、水产养殖大户在认证水产养殖中的示范作用。

8.1.5 创新养殖品种，提高养殖户的水产养殖规模和参与产业化组织的程度

从计量实证分析的结果来看，不同的养殖品种对养殖户从事无公害认证生产行为决策产生一定的影响，对养殖户的经济效益也产生不同的影响。由此可见，养殖品种是一个值得重视的影响因素。各个区域要形成不同的养殖品种，有利于养殖布局合理和渔业产业结构的优化，进而有利于水产养殖产品质量安全的提高。面对分散的养殖户，可以将散户联合起来，逐步走向规模化。

是否参加产业化组织对养殖户采纳无公害认证生产决策行为影响显著，因此，要扩大水产养殖产品的生产规模，完善水产养殖业的生产组织方式。一方面，提倡水产养殖业规模经营，发展水产养殖业的生产基地专业化生产区域，提高水产养殖业生产的专业化程度；另一方面，鼓励发展水产养殖专业合作社

和渔业协会等水产养殖产业化组织，在合作社内部加强水产养殖产品质量安全管理工作，使得加入合作社的养殖户遵守安全生产的规范，消除信息不对称，抑制不安全水产品生产的机会主义行为。培育水产养殖业合作社及其他产业化组织，发挥产业化龙头企业的带动作用，通过企业带动基地、基地引导养殖户的模式，从源头上保证水产养殖产品的质量安全。

目前，我国水产合作社组织正处于发展的初级阶段，内部的机制还不很成熟。在必要的情况下，政府部门可以对相关水产养殖中介组织给予一定的财政支持。从事无公害认证养殖户所投入的成本要比普通养殖户高，养殖户的经济承受能力有限，因此，在养殖户实施安全认证生产时，政府应该给予相关养殖户优惠的政策倾斜。

水产品交易的分散化、市场化倾向和水产品质量安全性的信用产品性质也使得养殖户因为易于更换交易对象而忽视水产品的质量安全性。因此，提高养殖户的养殖规模，以及提高他们的市场集中度水平，扩大水产品交易规模，可有效降低成本，增强水产品生产者提高水产品质量安全性的能力和积极性。另外，水产品养殖所用的土地、设施等具有较强的固定化和选择性，一旦投资，很难挪作他用；水产品的生产周期也长，各自的生产条件、设备互换性差，投资高，很难中途更换养殖项目。因此，水产品养殖资产的专用性高。如果能够实现养殖户的横向联合或横向一体化，既可以有效解决问题，也可以利用一体化，发挥组织的优势，解决水产品养殖过程中的质量安全性问题，提高水产品档次，因此，非常有必要提高我国水产品养殖组织化的动力和倾向，以有利于我国水产品质量安全的提高。

8.1.6 加强水产养殖产品质量安全政府规制创新，不断提高水产品质量安全水平

推行水产养殖使用证制度，对大型养殖场实行登记报备制度。养殖户应建立渔药使用档案，健全渔业生产日志，并加强监管力度。为了保证水产养殖产品的质量与安全，政府相关认证机构对养殖户和养殖企业制定了认证的标准，经过认证过的水产养殖产品比较有质量安全保障。为了帮助养殖户进行无公害

养殖的转换和认证，主管部门可以对无公害认证养殖户提高资金资助，并制定资金专项用途，并加强对无公害认证的研究，促进无公害水产养殖产品的市场流通。政府要多用激励性的规制措施，完善水产养殖产品质量安全监管制度，对水产养殖业者的违规养殖行为要严格惩罚。在条件适合的情况下，推行水产品可追溯制度，确保质量安全问题发生的可追溯，这样能从源头控制质量安全问题的发生，也在一定程度上给已经是无公害认证养殖户提高质量安全水平的激励。比如，可以加大针对养殖户的财政资金支持，尽量少用消极的惩罚性规制措施，让水产养殖户有动力提供安全的水产品。根据前面的计量回归结果显示，政府资金支持对养殖户经济效益影响显著。由于无公害认证制度能够提高水产养殖产品的质量安全，因此政府可以对参与无公害认证的养殖户以资金支持，给予更多的优惠政策，以激励养殖户参与无公害认证养殖，为社会提供安全的水产品。

8.2　研究创新和研究展望

本研究的主要创新点在于：

第一，水产养殖产品质量安全是一个非常复杂的问题，可以从不同的角度和层面进行研究。本研究以水产养殖户为对象，构建了水产养殖产品质量安全政府规制对养殖户影响的理论体系，填补了水产品质量安全问题研究视角的空白。

第二，本研究基于对微观数据的调查，建立养殖户无公害认证生产决策行为影响因素的理论模型，应用二元 Logit 选择模型实证分析养殖户无公害生产决策行为影响因素，并对相关影响因素作实证分析，在研究水产品质量安全生产者行为方面是一个创新。

第三，本研究从理论分析出发，构建水产养殖产品质量安全政府规制对养殖户经济效益影响因素的理论模型，应用平均处理效应模型计量实证分析水产养殖产品质量安全政府规制对养殖户经济效益的影响，并采用两阶段的估计方法，这是一个实证研究的创新。

本研究的范围主要是水产养殖户的质量安全生产行为和政府规制，并主要侧重政府规制体系对养殖户经济效益和养殖户无公害认证生产决策行为影响的分析。本研究为水产品质量安全政府规制对养殖户影响研究提供了一个经济学的研究方法；为政府如何在养殖户层面推动养殖水产品质量安全政策引导提供了理论参考；为养殖户成本经济效益分析提供实证数据。

由于笔者时间和精力等的原因，对养殖户质量安全生产行为和政府规制的研究还不够深入，期望在以下几个方面开展进一步的研究工作。

第一，分品种深入研究水产养殖产品质量安全问题发生机理。水产养殖产品的品种繁多，每一个品种的水产品质量安全都有其内在的发生机理，因此，分品种、有针对性地开展单种水产品质量政府规制体系，对每个品种养殖户质量安全生产行为分析更加具有理论和实践指导意义。

第二，水产养殖产品追溯系统研究。主要从经济学角度研究养殖户建立水产养殖产品质量安全可追溯系统的意愿及影响因素，从而为水产品可追溯系统建立理论基础。

第三，水产养殖业产业化组织与质量安全保障体系的研究。从本研究的结果看，产业化组织对养殖户质量安全生产行为具有重要的影响，从目前我国渔业的生产情况看，水产养殖业产业化组织的发展很快，因此研究水产养殖业产业化组织与水产品质量安全保障机制是非常迫切的。

参考文献

（美）蕾切尔·卡逊．寂静的春天．吕瑞兰，李长生译．长春：吉林人民出版社，1997．

奥利弗·威廉姆森．新制度经济学．上海：上海财经大学出版社，1998．

樊红平，叶志华．农产品质量安全的概念辨析，广东农业科学，2007（7）：88～90．

韩青，袁学国．中国农产品质量安全：信息传递问题研究．北京：中国农业出版社．2008．

韩喜平．中国农业经营系统分析．北京：中国经济出版社，2004．

黄宗智．华北的小农经济与社会变迁．北京：中华书局出版社，2000．

李津京．食品安全贸易争端：典型案例评析与产业发展启示．北京：机械工业出版社，2004．

李里特，罗永康．水产食品安全标准化生产．北京：中国农业大学出版社，2006．

廖朝兴．无公害水产品高效生产技术：北京：金盾出版社，2005．

林光纪．渔业物品与资源配置．北京：中国农业出版社，2006．

林洪．水产品安全性．北京：中国轻工业出版社，2005．

林毅夫．小农与经济理性．经济研究，1998（3）：31～33．

刘景景．我国出口水产品质量安全的政府规制．硕士学位论文．万方学位论文库．中国海洋大学，
    2007．

刘连馥．绿色食品导论．北京：企业管理出版社，1998．

刘新山，高媛媛，李响．论水产品质量安全行政监管问题．宁波大学学报（人文科学版），2009．

陆彤霞，王华飞．水产业．北京：化学工业出版社，2005．

欧阳喜辉．农产品质量安全认证理论与实践．北京：中国农业出版社，2009．

山世英．中国水产业的经济分析和政策研究．杭州：浙江大学出版社，2007．

邵征翌．中国水产品质量安全战略管理研究．博士学位论文．万方学位论文库．中国海洋大学，2007．

史清华．农户经济增长与发展研究．北京：中国农业出版社，1999．

世界卫生组织．水产养殖产品的食品安全指南．北京：人民卫生出版社，2000．

孙志敏．中国养殖水产品质量安全管理问题研究．博士学位论文．万方学位论文库．中国海洋大学，
    2007．

王厚俊．农业产业化经营理论与实践．北京：中国农业出版社，2007．

王清印．海水养殖业的可持续发展．北京：海洋出版社，2007．

王志刚．市场、食品安全与中国农业发展．北京：中国农业科学技术出版社，2006．

卫龙宝，卢光明．农业专业合作组织实施农产品质量控制的运作机制探析．中国农村经济，2004．

魏益民，刘为军，潘家荣．中国食品安全控制研究．北京：科学出版社，2008．

吴光红，费志良. 无公害水产品生产手册. 北京：中国科学技术文献出版社，2003.

肖兴志，宋晶. 政府监管理论与政策. 大连：东北财经大学出版社，2006.

杨万江. 食品安全生产经济研究——基于农户及其关联企业的实证分析. 北京：中国农业出版社，
2006.

杨宇峰，赵细康，王朝晖，等. 海水养殖绿色生产与管理. 北京：海洋出版社，2007.

杨志勇，张馨. 公共经济学. 北京：清华大学出版社，2008.

张玉香. 中国农产品质量安全管理理论、实践与发展对策. 北京：中国农业出版社，2005.

周应恒，等. 现代食品与管理，北京：经济管理出版社，2008.

Adam Ozanne，Tim Hogan，David Colman. Moral Hazard，Risk Aversion and Compliance Monitoring in Agri - environmental policy. European Review of Agricultural Economics. 2001 (28)：329 - 347.

Anderson，Joan Gray，James L. Anderson. Seafood quality：issues for consumer research. The Journal of Consumer Affairs，1991 (1)：144 - 163.

Antle J M. Choice and efficiency in food safety policy. Washington，DC：AEI Press，1995：25 - 26.

Boyd C E. Guidelines for aquaculture effluent management at the farm - level. Aquaculture，2003，226：101 - 112.

CATO J C. Economic Values Associated with Seafood Safety and Implementation of Seafood Hazard Analysis Critical Control Point (HACCP) Programme. Rome：FAO Fisheries Technical Paper，1998 (381)：70 - 71.

FAO. Assessment and Management of Seafood Safety and Quality. FAO Fisheries Technical Paper，No. 444. FAO，2003FAO. Yearbook fishery and aquaculture statistics，2008.

FAO. Review of the state of world marine fishery resources. Rome：FAO，2005.

Henson，Spencer，Julie Caswell. Food safety regulation：an overview of contemporary issues. Food Policy，1999 (24)：589 - 603.

Jensen H H.，Unnevehr L.，HACCP in Pork Processing：Cost and Benefits. In the Economic of HACCP：Studies of：Cost and Benefits. Sr. Paul，Eagan Press，1999：93.

Lahsen Ababouch. Assuring fish safety and quality in international fish trade. Marine Pollution Bulletin Volume 53，Issues 10 - 12，2006：561 - 568.

Martin T，Dean E，Hardy B，et al. A new era for food Safety regulation in Australia. Food Control. 2003，14 (6)：429 - 438.

Melba G. Bondad - Reantaso，Rohana P. Subasinghe. Meeting the Future Demand for Aquatic Food through Aquaculture：the Role of Aquatic Animal Health. Fisheries for Global Welfare and Environment，5th World Fisheries Congress 2008：197 - 207.

Johnsen P B. Aquaculture products quality issues: market position opportunities under mandatory seafood inspection regulations. Journal of Animal Science, Vol 69, Issue 10 4209 – 4215.

Ragnar Tveteras, Ola Kvaloy. Vertical coordination in the salmon supply chain. SNF Working Paper No 07 / 04: 1 – 28.

Shavell S. Economic Analysis of Accident Law. Cambridge, MA: Harvard Univ. 1987.

World Health Organization. Food safety issues associated with products from aquaculture. Joint FAO/NACA/ WHO Study Group on Food Safety Issues Associated.

附录一　水产养殖户调查问卷

问卷编号□□□

省（直辖市）　　　　＿＿＿＿＿＿＿＿＿

市　　　　　　　　　＿＿＿＿＿＿＿＿＿

县（市辖县、市辖区）　＿＿＿＿＿＿＿＿＿

乡（镇）　　　　　　＿＿＿＿＿＿＿＿＿

村　　　　　　　　　＿＿＿＿＿＿＿＿＿

尊敬的被调查者：

首先感谢您的合作。"水产养殖产品质量安全"关系到人们的健康，我们希望对此做一些有价值的探讨。请您放心并尽可能客观回答，答案无正确与错误之分。对您填答的所有资料，仅供学术研究使用，绝不外流。请您按照实际情况或者想法进行选择，以使我们的研究更具真实性。非常感谢您的合作与参与！

A 部分：个人与水产养殖业收支基本情况

A1 您的年龄是 _____

A2.1 您家共有几个人？ _____

A2.2 您家共有几个劳动力从事水产养殖？ _____

A3 您的文化程度：① 小学及以下　② 初中　③ 高中或中专　④ 大专
⑤ 本科及以上

A4 您从事水产养殖业多久了？ _____ 年。

A5.1 去年您家的总收入约在下列哪个范围内？（请打√）

① 5000 元以下　　　② 5001～10000 元　　　③ 10001～20000 元

④ 20001～40000 元　　⑤ 40001～60000 元　　⑥ 60000 元以上

A5.2 您家主要收入来源：① 养殖业 ② 非养殖业，水产养殖业收入占总收入的比重为 _____。

A6 您家养殖的水产养殖产品去向，由主依次为： _____

① 经销商　② 龙头企业　③ 超市　④ 渔业产业化组织（合作社等）　⑤
自销　⑥ 其他

A7 您家去年水产养殖业收成情况大约如何？

水产养殖品种（请注明）	是否无公害认证水产养殖产品	销售收入（元）	产量（千克）	养殖面积（亩）	每年养殖次数	养殖总成本（元）
虾类						
鱼类						
蟹类						
其他						

B 部分：生产与质量控制情况

（注：这部分都是选择题，打√就可以，除了有说明可多选外，其他都是单项选择）

B1 您家每年都向固定的人（单位）购买养殖苗种吗？① 是　② 不是

B2 您有没有与渔业产业化经济组织（如公司，合作社等）签订产品购销合同？

①有　②没有

B3.1 您是否参加了渔业产业化经济组织？① 没有参加　　② 参加

B3.2 如果参加了，该经济组织是什么性质的？

① 龙头企业＋农户　② 协会＋农户　③ 合作社＋农户　④ 专业市场＋农户　⑤ 其他

B3.3 您觉得参与渔业产业化组织（合作社等）对水产养殖产品质量安全生产有何影响？

① 有较大帮助 ② 有一点帮助 ③ 没有帮助

B4.1 您从事水产养殖业，是否投保了水产养殖业保险？

① 有　　　② 没有

B4.2 如果投保了，您家的养殖业保险费由谁出的：

① 自己　　② 渔业产业化组织　　③ 政府部门

B5 请问您看过下列标志吗？

① 看过　② 没看过　　① 看过　② 没看过　　① 看过　② 没看过

B6 您觉得取得无公害水产养殖产品认证有意义吗？（无公害水产养殖产品、绿色水产养殖产品中、有机水产养殖产品）

① 很有意义　② 有意义　③ 一般　④ 不太有意义　⑤ 毫无意义

B7.1 您听说过无公害认证水产养殖产品吗?

① 没听说过 ② 听说过

B7.2 如果听说过,是通过什么途径听说的?(可多选)

① 政府宣传 ② 电视 ③ 报纸 ④ 亲戚朋友 ⑤ 其他

B7.3 如果听说过,是否了解无公害水产养殖产品认证的标准?

① 不了解 ② 了解一点 ③ 一般 ④ 比较了解 ⑤ 十分了解

B8.1 在今后的水产养殖中,您愿意从事无公害认证水产养殖产品生产吗?

① 愿意   ② 不愿意

B8.2 您认为参加无公害认证水产养殖产品养殖的最大障碍是什么?(可多选)

① 不知道怎样申请 ② 技术难掌握 ③ 没有人牵头 ④ 其他

B8.3 如果不愿意从事安全认证生产,原因是:(可多选)

① 没有听说过安全水产养殖产品 ② 与普通水产养殖产品难以区分,对提高销售收入没有什么帮助 ③ 劳动力少 ④ 生产成本高 ⑤ 其他

B9.1 有没有参加过水产养殖质量安全控制方面的培训(包括发放宣传册)?(可多选)

① 有参加过   ② 没有参加过

B9.2 如果有,是谁组织的?(可多选)

① 乡政府或村委会 ② 水产技术推广部门 ③ 基地 ④ 企业 ⑤ 其他

B10 您一般从哪里获取水产养殖方面技术的信息? _____ (可多选)

① 电视、广播、书刊 ② 水产技术推广部门 ③ 大学产学研科技推广 ④ 水产合作社等产业化组织 ⑤ 核心企业 ⑥ 政府部门组织的技术观摩和示范

B11 您家的主要水产养殖形式是什么?

① 一家一户的家庭生产 ② 由村里指导生产 ③ 协会或合作社指导组织生产 ④ 由企业签订协议进行生产 ⑤ 其他

B12 您从事水产养殖的池塘是自家的还是租赁的?

① 自家的 ② 租赁的 ③ 两者都有

B13 您家养殖的水产养殖产品是否有产品标签或产地标签?

① 有   ② 没有

C 部分：政府政策和渔户收支

C1 近年来水产养殖产品质量安全规定的政府各项政策措施对您从事水产养殖增收减支效果如何？

① 好　　② 无差别　　③ 不好

C2.1 您家从事水产养殖方面去年是否接受过政府或组织的资金帮助？

① 是　　② 否

C2.2 若有，那您去年接受了政府或组织的补贴总额_____元。

C3.1 去年您家有没有购置大型渔业机械设备？

① 有　　② 没有

C3.2 若有，去年购置设备支出_____元，得到政府补贴_____元。

C3.3 如果您家投保养殖业保险了，请问您家的养殖业保险费每亩多少钱？

_____

C4.1 近年来，国家对水产养殖产品生产提出了质量安全要求，您知道这方面的情况吗？

① 知道　　② 不知道

C4.2 您是否知道水产养殖产品质量安全方面的具体法律法规的规定？

① 知道国家的法规标准　　② 知道上海市的法规标准　　③ 知道县、镇的法规标准　　④ 不知道

C5 您认为在水产养殖产品的养殖过程中，政府的检测方面监管情况如何？

① 十分严格　　② 比较严格　　③ 一般　　④ 不严格

C6 您了解对无公害水产养殖产品养殖进行怎样的监管吗？

① 不了解　　②了解一点　　③ 一般　　④ 比较了解　　⑤ 十分了解

C7 您了解违反无公害水产养殖产品的生产标准会受到什么样的处罚吗？

① 不了解　　②了解一点　　③ 一般　　④ 比较了解　　⑤ 十分了解

C8 您认为政府在水产养殖产品生产过程中主要作用依次为：_____

① 政策引导宣传　　② 市场体系的规范　　③ 安全水产养殖产品生产基地申报　　④ 技术指导　　⑤ 免费认证检测　　⑥ 资金支持　　⑦ 规范法律监督　　⑧ 信息公布

附录二 无公害认证水产品质量、投入品、生产和认证管理的标准

一、无公害水产品质量的标准目录

序号	标准编号	代替标准	标准名称	适用范围
1	NY 5062—2008	NY 5062—2001 无公害食品 海湾扇贝	无公害食品 扇贝	适用于海湾扇贝、栉孔扇贝、虾夷扇贝的活体。其他扇贝的活体可参照执行
2	NY 5068—2008	NY 5068—2001 无公害食品 鳗鲡	无公害食品 鳗鲡	适用于日本鳗鲡、欧洲鳗鲡等的活体
3	NY 5154—2008	NY 5154—2002 无公害食品 近江牡蛎	无公害食品 近江牡蛎	本标准适用于近江牡蛎、褶牡蛎、太平洋牡蛎的活体和贝肉。其他牡蛎的活体和贝肉可参照执行
4	NY 5156—2002		无公害食品 牛蛙	适用于牛蛙活体
5	NY 5162—2008	NY 5162—2002 无公害食品 三疣梭子蟹 NY 5276—2004 无公害食品 锯缘青蟹	无公害食品 海水蟹	适用于三疣梭子蟹、锯缘青蟹的活品和鲜品，其他海水蟹可参照执行本标准
6	NY 5164—2008	NY 5164—2002 无公害食品 乌鳢	无公害食品 乌鳢	适用于乌鳢活体
7	NY 5166—2008	NY 5166—2002 无公害食品 鳜	无公害食品 鳜	适用于鳜的活鱼、鲜鱼
8	NY 5168—2002		无公害食品 黄鳝	适用于黄鳝活体
9	NY 5171—2002		无公害食品 海蜇	适用于海蜇及黄斑海蜇等食用水母经食盐和明矾盐渍提干而成的初级加工制品海蜇（包括海蜇皮、海蜇头）

续表

序号	标准编号	代替标准	标准名称	适用范围
10	NY 5172—2002		无公害食品 水发水产品	用于干制品水发的水产品（包括水发海参、水发鱿鱼、水发墨鱼、水发干贝、水发鱼翅等），水浸泡销售的解冻水产品（解冻虾仁等），以及浸泡销售的鲜水产品（鲜墨鱼仔等）
11	NY 5272—2008	NY 5272—2004 无公害食品 鲈鱼	无公害食品　鲈	适用于花鲈、尖吻鲈等的活鱼和鲜鱼
12	NY 5278—2004		无公害食品　团头鲂	适用于团头鲂的活鱼、鲜鱼，鲂（原名三角鲂）可参照执行
13	NY 5286—2004		无公害食品　斑点叉尾鮰	适用于斑点叉尾鮰的活鱼和鲜鱼
14	NY 5291—2004		无公害食品　咸鱼	适用于以海水鱼类为原料，经盐腌、晒干（烘干）后的制品，以淡水鱼为原料生产的咸鱼可参考本标准
15	NY 5053—2005	NY 5053—2001 无公害食品 草、青、鲢、鳙、尼罗罗非鱼 NY 5280—2004 无公害食品 鲤鱼 NY 5292—2004 无公害食品 鲫鱼	无公害食品　普通淡水鱼类	草鱼、青鱼、鲢、鳙、鲮、鲤、鲫、淡水白鲳、大口黑鲈、尼罗罗非鱼、奥利亚罗非鱼及其杂交鱼活鱼、鲜鱼。其他食用鲤科淡水鱼可参照执行
16	NY 5056—2005	NY 5056—2001 无公害食品 海带 NY 5282—2004 无公害食品 裙带菜	无公害食品　海水藻类	海带、裙带菜、紫菜的鲜品，其他鲜海水藻类可参照执行
17	NY 5060—2005	NY 5060—2001 无公害食品 大黄鱼	无公害食品　石首鱼类	大黄鱼、美国红鱼、鮸状黄姑鱼、鮸鱼（俗称黑鮸）、褐毛鲿、双棘黄姑鱼的活、鲜品，其他石首鱼科产品可参照执行

序号	标准编号	代替标准	标准名称	适用范围
18	NY 5064—2005	NY 5064—2001 无公害食品 中华绒螯蟹	无公害食品 淡水蟹类	中华绒螯蟹（又名河蟹、毛蟹）、红螯相手蟹（又名蟛蜞、螃蜞）、日本绒螯蟹、直额绒螯蟹活品。其他淡水蟹活品可参照执行
19	NY 5158—2005	NY 5158—2002 无公害食品 罗氏沼虾 NY 5170—2002 无公害食品 克氏螯虾 NY 5284—2004 无公害食品 青虾	无公害食品 淡水虾类	罗氏沼虾、日本沼虾、南美白对虾、克氏螯虾的活、鲜品，其他淡水虾类可参照执行
20	NY 5311—2005		无公害食品 鲷类	真鲷、黑鲷、黄鳍鲷、平鲷、紫红笛鲷、红鳍笛鲷海水鲷科鱼类的活鱼和鲜鱼，其他鲷科鱼类可参照执行
21	NY 5312—2005		无公害食品 石斑鱼类	赤点石斑鱼，青石斑鱼、点带石斑鱼、巨石斑鱼、鲑点石斑鱼等的活、鲜石斑鱼养殖产品。其他种类的石斑鱼可参照执行
22	NY 5313—2005		无公害食品 鲍鱼类	皱纹盘鲍、耳鲍和杂色鲍 活体。其他鲍类活体可参照执行
23	NY 5314—2005		无公害食品 蛏类	缢蛏、大竹蛏、长竹蛏的活体，其他海水蛏可参照执行
24	NY 5315—2005		无公害食品 蚶类	毛蚶、泥蚶和魁蚶活体，其他蚶类活体可参照执行
25	NY 5058—2006	NY 5058—2001 无公害食品 对虾	无公害食品 海水虾类	适用于对虾科、长额虾科、褐虾科、长臂虾科等品种的鲜、活养殖及捕捞海水虾类，其他品种的海水虾可参照执行
26	NY 5066—2006	NY 5066—2001 无公害食品 中华鳖	无公害食品 龟鳖	适用于中华鳖、乌龟的活体。其他食用龟鳖类可参照执行

续表

序号	标准编号	代替标准	标准名称	适用范围
27	NY 5152—2006	NY 5152—2002 无公害食品 大菱鲆 NY 5274—2004 无公害食品 牙鲆	无公害食品 鲆鲽鳎	适用于大菱鲆、牙鲆、大西洋牙鲆、漠斑牙鲆、舌鳎、庸鲽、圆斑星鲽、石鲽等鱼类的活、鲜品,其他鲆鲽鳎鱼类也可参照执行
28	NY 5160—2006	NY 5160—2002 无公害食品 虹鳟	无公害食品 鲑鳟鲟	适用于虹鳟、大西洋鲑、红点鲑、哲罗鱼、细鳞鱼、施氏鲟、达氏鲟、俄罗斯鲟等鲑、鳟、鲟的活鱼和鲜鱼
29	NY 5288—2006	NY 5288—2004 无公害食品 菲律宾蛤仔	无公害食品 蛤	适用于文蛤、青蛤、菲律宾蛤仔、杂色蛤、巴非蛤、西施舌、四角蛤蜊的活体,其他帘蛤科和蛤蜊科贝类的活体可参照执行
30	NY 5325—2006		无公害食品 螺	海水螺与淡水螺合并
31	NY 5326—2006		无公害食品 头足类水产品	适用于金乌贼、曼氏无针乌贼、乌贼、中国枪乌贼、日本枪乌贼、皮氏枪乌贼、短蛸、长蛸、真蛸、太平洋褶柔鱼、柔鱼的活、鲜体。其他头足类水产品的活、鲜体可参照执行
32	NY 5327—2006		无公害食品 鲻科、鲹科、军曹鱼科海水鱼	适用于鲻鱼、鲅鱼、卵形鲳鲹、军曹鱼的活鱼和鲜鱼。其他同科海水鱼可参照执行
33	NY 5328—2006		无公害食品 海参	适用于海参纲中的刺参、绿刺参、花刺参、梅花参、白底辐肛参、糙海参的活体,其他品种海参可参照执行
34	NY 5329—2006		无公害食品 海捕鱼类	适用于野生捕获后未经加工处理的活、鲜海水鱼和仅去内脏而未做其他处理的鲜海水鱼

二、无公害水产品产地环境条件

序号	标准编号	标准名称	代替标准号
1	NY 5051—2001	无公害食品 淡水养殖用水水质	
2	NY 5052—2001	无公害食品 海水养殖用水水质	

三、渔用药物使用规则

序号	标准编号	标准名称	代替标准号
1	NY 5070—2002	无公害食品 水产品中渔药残留限量	NY 5070—2001 无公害食品 水产品中渔药残留限量
2	NY 5071—2002	无公害食品 渔用药物使用准则	NY 5071—2001 无公害食品 渔用药物使用准则
3	NY 5073—2006	无公害食品 水产品中有毒有害物质限量	NY 5073—2001 无公害食品 水产品中有毒有害物质限量

四、渔用饲料及饲料添加剂使用准则

序号	标准编号	标准名称	代替标准号
	NY 5072—2002	无公害食品 渔用配合饲料安全限量	NY 5072—2001 无公害食品 渔用配合饲料安全限量

五、无公害认证水产品生产管理技术规范

序号	标准编号	标准名称	代替标准号
1	NY/T 5055—2001	无公害食品 稻田养鱼技术规范	
2	NY/T 5057—2001	无公害食品 海带养殖技术规范	
3	NY/T 5059—2001	无公害食品 对虾养殖技术规范	
4	NY/T 5063—2001	无公害食品 海湾扇贝养殖技术规范	
5	NY/T 5065—2001	无公害食品 中华绒螯蟹养殖技术规范	

序号	标准编号	标准名称	代替标准号
6	NY/T 5054—2002	无公害食品 尼罗罗非鱼养殖技术规范	NY/T 5054—2001 无公害食品 尼罗罗非鱼养殖技术规范
7	NY/T 5061—2002	无公害食品 大黄鱼养殖技术规范	NY/T 5061—2001 无公害食品 大黄鱼养殖技术规范
8	NY/T 5067—2002	无公害食品 中华鳖养殖技术规范	NY/T 5067—2001 无公害食品 中华鳖养殖技术规范
9	NY/T 5069—2002	无公害食品 鳗鲡池塘养殖技术规范	NY/T 5069—2001 无公害食品 鳗鲡池塘养殖技术规范
10	NY/T 5153—2002	无公害食品 大菱鲆养殖技术规范	
11	NY/T 5155—2002	无公害食品 近江牡蛎养殖技术规范	
12	NY/T 5157—2002	无公害食品 牛蛙养殖技术规范	
13	NY/T 5159—2002	无公害食品 罗氏沼虾养殖技术规范	
14	NY/T 5161—2002	无公害食品 虹鳟养殖技术规范	
15	NY/T 5163—2002	无公害食品 三疣梭子蟹养殖技术规范	
16	NY/T 5165—2002	无公害食品 乌鳢养殖技术规范	
17	NY/T 5167—2002	无公害食品 鳜养殖技术规范	
18	NY/T 5169—2002	无公害食品 黄鳝养殖技术规范	
19	NY/T 5273—2004	无公害食品 鲈鱼养殖技术规范	
20	NY/T 5275—2004	无公害食品 牙鲆养殖技术规范	
21	NY/T 5277—2004	无公害食品 锯缘青蟹养殖技术规范	
22	NY/T 5279—2004	无公害食品 团头鲂养殖技术规范	
23	NY/T 5281—2004	无公害食品 鲤鱼养殖技术规范	
24	NY/T 5283—2004	无公害食品 裙带菜养殖技术规范	
25	NY/T 5285—2004	无公害食品 青虾养殖技术规范	
26	NY/T 5287—2004	无公害食品 斑点叉尾鮰养殖技术规范	
27	NY/T 5289—2004	无公害食品 菲律宾蛤仔养殖技术规范	
28	NY/T 5290—2004	无公害食品 欧洲鳗鲡精养池塘养殖技术规范	
29	NY/T 5293—2004	无公害食品 鲫鱼养殖技术规范	

六、无公害水产品认证管理技术规范

序号	标准编号	标准名称	代替标准号
1	NY/T5342—2006	无公害食品　产品认证准则	
2	NY/T 5343—2006	无公害食品　产地认定规范	
3	NY/T5344. 1—2006	无公害食品　产品抽样规范（通则部分）	
4	NY/T5344. 7—2006	无公害食品　产品抽样规范（水产品部分）	

附录三 无公害水产品质量要求

无公害水产品质量要求包括水产品的感官指标、鲜度指标及安全卫生指标。

1. 感官指标

（1）外观：鱼类要求体表光滑无病灶，有鳞鱼鳞片完整，无鳞鱼无浑浊黏液，眼球外凸饱满透明，鳃丝清晰鲜红或暗红。贝类（螺、蚌、蚬）壳无破损和病灶，受刺激后足部快速缩入体内，贝壳紧闭。甲守则类（虾、蟹）甲壳光洁，完好无损，眼黑亮，鳃乳白色半透明，反应敏捷，游泳爬行自如，爬行类（龟、鳖）体表完整无损，鳖裙边宽而厚，抓行游泳动作自如。两栖类（养殖蛙类）体表光滑有黏液，腹部呈白色或灰白色，背部绿褐色或深绿色，后肢肌肉发达，弹跳能力强。

（2）色泽：保持活体状态固有本色。虾青灰或青蓝色，蟹青背白肚黄毛金爪。

（3）气味：无异味。

（4）组织：鱼类肌肉紧密有弹性，内脏清晰可辨无腐烂。甲壳类肌肉紧密有弹性，呈半透明。贝类、爬行类、两栖类肌肉紧密有弹性。

（5）鲜活度：鱼虾类要求是活体或刚死不久，螺、蚌、蚬、蟹、龟、鳖、蛙均要求是活体。

2. 鲜度指标

挥发性盐基氮≤20 mg/100 g（淡水产品），pH 值≥6.3。

3. 安全卫生指标

（1）水产品中重金属及有害元素的限量：汞（以 Hg 计）≤0.3 mg/kg，砷（以 As 计）≤0.5 mg/kg，铅（以 Pb 计）≤0.5 mg/kg，镉（以 Cd 计）≤0.1 mg/

kg（鱼类），铜（以 Cu 计）≤50.0 mg/kg，硒（以 Se 计）≤1.0 mg/kg（鱼类），氟（以 F 计）≤2.0 mg/kg，铬（以 Cr 计）≤2.0 mg/kg（鱼类、贝类）。

（2）水产品中药物残留限量：土霉素≤0.1 mg/kg，四环素≤0.1 mg/kg，碘胺类≤0.1 mg/kg，氯霉素、青霉素、呋喃唑酮、喹乙醇、己烯雌酚不得检出。敌百虫≤0.1 mg/kg，六六六≤2 mg/kg，滴滴涕≤1 mg/kg，亚胺硫磷≤0.5 mg/kg。

（3）有毒有害物质：二氧化硫≤100 mg/kg。

（4）生物毒素及微生物指标限量：麻痹性贝类毒素（PSP）≤80 μg/kg，腹泻性贝类毒素（DSP）不得检出，菌落总数≤1.0×10^5 个/克，大肠菌群≤30 个/100 g，致病菌不得检出。

附录四 无公害水产品认证检测项目汇总表

序号	产品名称	适用标准	必检项目	选检项目	备注
1	鳜	NY 5166—2002 无公害食品 鳜	甲基汞 无机砷 铅 镉 氯霉素 硝基呋喃类代谢物孔雀石绿	土霉素 磺胺类 环丙沙星和恩诺沙星总量	
2	其他鳜				
3	日本沼虾	NY 5158—2005 无公害食品 淡水虾	甲基汞 无机砷 铅 镉 土霉素 氯霉素	硝基呋喃类代谢物 磺胺类 环丙沙星和恩诺沙星总量	
4	罗氏沼虾				
5	克氏螯虾				
6	南美白对虾（淡水养殖）				
7	其他淡水虾				
8	团头鲂	NY 5278—2004 无公害食品 团头鲂	甲基汞 无机砷 铅 镉 土霉素 氯霉素	硝基呋喃类代谢物 孔雀石绿 磺胺类 环丙沙星和恩诺沙星总量	
9	三角鲂				
10	广东鲂				
11	长春鳊				
12	其他鳊鲂				
13	黄鳝	NY 5168—2002 无公害食品 黄鳝	甲基汞 无机砷 铅 镉 氯霉素 己烯雌酚 孔雀石绿 硝基呋喃类代谢物	土霉素 磺胺类 恩诺沙星和环丙沙星总量	
14	泥鳅				

续表

序号	产品名称	适用标准	必检项目	选检项目	备注
15	乌鳢		甲基汞	磺胺类	
16	月鳢		无机砷	恩诺沙星和环丙沙星总量	
17	斑鳢	NY 5164—2002	铅	喹乙醇	
		无公害食品乌	镉	硝基呋喃类代谢物	
18	其他鳢	鳢	土霉素	沙门氏菌	
			氯霉素	致泻大肠埃希氏菌	
			孔雀石绿	绦虫蚴	
19	日本鳗鲡		甲基汞		
			无机砷	铜	
			铅	氟	
		NY 5068—2001	镉	四环素	
		无公害食品	氯霉素	土霉素	
		鳗鲡	孔雀石绿	金霉素	
20	欧洲鳗鲡		喹诺酮（噁喹酸）	磺胺类	
			硝基呋喃类代谢物	己烯雌酚	
			恩诺沙星和环丙沙星总量		
21	皱纹盘鲍		甲基汞		
22	杂色鲍		无机砷		
23	九孔鲍	NY 5313—2005	铅	土霉素	
24	耳鲍	无公害食品	镉	磺胺类	
		鲍	氯霉素	喹诺酮（噁喹酸）	
25	其他鲍		硝基呋喃类代谢物		
26	海带		甲基汞		
27	裙带菜		无机砷		
28	紫菜		铅		
29	麒麟菜	NY 5056—2005	镉		
30	江蓠	无公害食品	多氯联苯（总量）		
31	羊栖菜	海藻	PCB138		
32	其他海藻		PCB153		

续表

序号	产品名称	适用标准	必检项目	选检项目	备注
33	大黄鱼	NY 5060—2005 无公害食品 石首鱼	甲基汞 无机砷 铅 镉 恩诺沙星和环丙沙星总量 孔雀石绿 硝基呋喃类代谢物	氯霉素 土霉素 磺胺类	
34	美国红鱼				
35	鲵鱼				
36	鲵状黄姑鱼				
37	黄姑鱼				
38	双棘黄姑鱼				
39	浅色黄姑鱼				
40	日本黄姑鱼				
41	褐毛鲿				
42	其他石首鱼				
43	斜带石斑鱼	NY 5312—2005 无公害食品石 斑鱼	甲基汞 无机砷 铅 镉 土霉素 孔雀石绿 硝基呋喃类代谢物	氯霉素 磺胺类 环丙沙星和恩诺沙星总量	
44	青石斑鱼				
45	点带石斑鱼				
46	鲑点石斑鱼				
47	赤点石斑鱼				
48	巨石斑鱼				
49	其他石斑鱼				
50	近江牡蛎	NY 5154—2002 无公害食品 近江牡蛎	甲基汞 无机砷 铅 镉 石油烃 麻痹性贝类毒素 腹泻性贝类毒素	铜 沙门氏菌 致泻大肠埃希氏菌	
51	褶牡蛎				
52	太平洋牡蛎				
53	长牡蛎				
54	其他活牡蛎				
55	锯缘青蟹	NY 5276—2004 无公害食品 锯缘青蟹	甲基汞 无机砷 铅 镉 土霉素 己烯雌酚	硝基呋喃类代谢物 氯霉素 孔雀石绿 磺胺类 环丙沙星和恩诺沙星总量	
56	三疣梭子蟹	NY 5162—2002 无公害食品 三疣梭子蟹	甲基汞 无机砷 铅 镉 土霉素 磺胺类	硝基呋喃类代谢物 氯霉素 孔雀石绿 环丙沙星和恩诺沙星总量	
57	其他海水蟹				

序号	产品名称	适用标准	必检项目	选检项目	备注
58	中华绒螯蟹	NY 5064—2005 无公害食品 淡水蟹	甲基汞 无机砷 铅 镉 土霉素 孔雀石绿	氯霉素 磺胺类 己烯雌酚 环丙沙星和恩诺沙星总量 硝基呋喃类代谢物	
59	红螯相手蟹				
60	日本绒螯蟹				
61	直额绒螯蟹				
62	其他淡水蟹				
63	平鲷	NY 5311—2005 无公害食品 鲷	甲基汞 无机砷 铅 镉 土霉素 磺胺类 硝基呋喃类代谢物	氯霉素 孔雀石绿 环丙沙星和恩诺沙星总量	
64	白星笛鲷				
65	紫红笛鲷				
66	红鳍笛鲷				
67	花尾胡椒鲷				
68	斜带髭鲷				
69	真鲷				
70	断斑石鲈				
71	黄鳍鲷				
72	胡椒鲷				
73	黑鲷				
74	其他鲷科鱼				
75	鲈鱼	NY 5272—2004 无公害食品 鲈鱼	甲基汞 无机砷 铅 镉 土霉素 氯霉素	磺胺类 孔雀石绿 环丙沙星和恩诺沙星总量 硝基呋喃类代谢物	
76	尖吻鲈				
77	缢蛏	NY 5314—2005 无公害食品 蛏	甲基汞 无机砷 铅 镉 石油烃 麻痹性贝类毒素 腹泻性贝类毒素 多氯联苯（总量） PCB138 PCB153	沙门氏菌	
78	大竹蛏				
79	长竹蛏				
80	其他海水蛏				

序号	产品名称	适用标准	必检项目	选检项目	备注
81	养殖牛蛙	NY 5156—2002 无公害食品 牛蛙	甲基汞 无机砷 铅 镉 土霉素 磺胺类 硝基呋喃类代谢物	红霉素 氯霉素 孔雀石绿 环丙沙星和恩诺沙星总量	
82	养殖美国青蛙				
83	养殖棘胸蛙				
84	养殖林蛙				
85	其他养殖蛙				
86	海湾扇贝	NY 5062—2001 无公害食品 海湾扇贝	甲基汞 无机砷 铅 镉 石油烃 麻痹性贝类毒素 腹泻性贝类毒素 多氯联苯（总量） PCB138 PCB153	铜	
87	栉孔扇贝				
88	华贵栉孔扇贝				
89	虾夷扇贝				
90	其他扇贝				
91	贻贝				
92	马氏珠母贝				
93	大珠母贝				
94	栉江珧				
95	中国对虾	NY 5058—2006 无公害食品 海水虾	无机砷 甲基汞 铅 镉 多氯联苯（总量） PCB138 PCB153	土霉素 磺胺类 亚硫酸盐 氯霉素 孔雀石绿 环丙沙星和恩诺沙星总量 硝基呋喃类代谢物	
96	长毛对虾				
97	南美白对虾				
98	日本对虾				
99	斑节对虾				
100	墨吉对虾				
101	宽沟对虾				
102	刀额新对虾				
103	其他养殖海水虾				

序号	产品名称	适用标准	必检项目	选检项目	备注
104	草鱼	NY 5053—2005 无公害食品 普通淡水鱼	甲基汞 无机砷 铅 镉 氟 土霉素 磺胺类 喹乙醇 孔雀石绿	氯霉素 环丙沙星和恩诺沙星总量 硝基呋喃类代谢物	
105	青鱼				
106	鲢				
107	鳙				
108	鲮				
109	鲤				
110	鲫				
111	淡水白鲳				
112	加州鲈				
113	罗非鱼				
114	翘嘴红鲌				
115	条纹鲈				
116	其他食用 鲤科淡水鱼				
117	泥蚶	NY 5315—2005 无公害食品 蚶	甲基汞 无机砷 铅 镉 麻痹性贝类毒素 腹泻性贝类毒素 多氯联苯（总量） PCB138 PCB153 石油烃	沙门氏菌 致泻大肠埃希氏菌	
118	毛蚶				
119	魁蚶				
120	其他活蚶				
121	斑点叉尾鮰	NY 5286—2004 无公害食品 斑点叉尾鮰	甲基汞 无机砷 铅 镉 氯霉素 孔雀石绿 环丙沙星和恩诺沙星总量	磺胺类 土霉素 硝基呋喃类代谢物	
122	云斑叉尾鮰				
123	长吻鮠				
124	黄颡鱼				
125	鲇				

序号	产品名称	适用标准	必检项目	选检项目	备注
126	鲻鱼	NY 5327—2006 无公害食品 鲻科、鲹科、军曹鱼科海水鱼	甲基汞 无机砷 铅 镉 土霉素 磺胺类（总量）	氯霉素 孔雀石绿 环丙沙星和恩诺沙星总量 硝基呋喃类代谢物	
127	鲅鱼				
128	鲳鲹				
129	军曹鱼				
130	其他同科海水鱼				
131	中华鳖	NY 5066—2006 无公害食品 龟鳖	甲基汞 无机砷 铅 镉 氯霉素 孔雀石绿 环丙沙星和恩诺沙星总量	土霉素 磺胺类 硝基呋喃类代谢物	
132	乌龟				
133	其他食用龟鳖				
134	方斑东风螺	NY 5325—2006 无公害食品 螺	甲基汞 无机砷 铅 镉 多氯联苯（总量） PCB138 PCB153 石油烃 麻痹性贝类毒素 腹泻性贝类毒素	副溶血性弧菌 沙门氏菌 致泻大肠埃希氏菌	
135	泥螺				
136	红螺				
137	管角螺				
138	细角螺				
139	油螺				
140	蛛螺				
141	马蹄螺				
142	棒锥螺				
143	鹑螺				
144	荔枝螺				
145	田螺				
146	螺蛳				
147	梨型环棱螺				
148	福寿螺				
149	其他螺类				

续表

序号	产品名称	适用标准	必检项目	选检项目	备注
150	文蛤	NY 5288—2006 无公害食品 蛤	甲基汞 无机砷 铅 镉 多氯联苯（总量） PCB138 PCB153	麻痹性贝类毒素 腹泻性贝类毒素	
151	青蛤				
152	菲律宾蛤仔				
153	杂色蛤				
154	巴非蛤				
155	西施舌				
156	四角蛤蜊				
157	其他帘蛤科和蛤蜊科贝类				
158	刺参	NY 5328—2006 无公害食品 海参	甲基汞 无机砷 铅 镉 硝基呋喃类代谢物 氯霉素	土霉素 磺胺类 环丙沙星和恩诺沙星总量	
159	绿刺参				
160	花刺参				
161	梅花参				
162	白底辐肛参				
163	糙海参				
164	其他海参				
165	虹鳟	NY 5160—2006 无公害食品 鲑鳟鲟	无机砷 铅 镉 甲基汞 土霉素 磺胺类	硝基呋喃类代谢物 氯霉素 孔雀石绿 环丙沙星和恩诺沙星总量	
166	金鳟				
167	大西洋鲑				
168	红点鲑				
169	养殖哲罗鱼				
170	养殖细鳞鱼				
171	养殖史氏鲟				
172	养殖俄罗斯鲟				
173	其他养殖鲟鱼				
174	大菱鲆	NY 5152—2006 无公害食品 鲆鲽鳎	无机砷 铅 镉 甲基汞 硝基呋喃类代谢物 氯霉素 环丙沙星和恩诺沙星总量	孔雀石绿 土霉素 磺胺类	
175	牙鲆				
176	大西洋牙鲆				
177	漠斑牙鲆				
178	舌鳎				
179	庸鲽				
180	圆斑星鲽				
181	石鲽				
182	其他鲆鲽鳎鱼				

序号	产品名称	适用标准	必检项目	选检项目	备注
183	冻虾仁	SC/T3110—1996 冻虾仁	挥发性盐基氮 无机砷 甲基汞 沙门氏菌 多氯联苯（总量）a PCB138a PCB153a 亚硫酸盐		药残检测项目同相应虾类 a：仅适用于海水虾仁
184	冻扇贝柱	SC/T3111—1996 冻扇贝柱	甲基汞 无机砷 细菌总数 沙门氏菌		
185	咸鱼	NY 5291—2004 无公害食品 咸鱼	酸价 甲基汞 无机砷 铅 镉 甲醛 敌敌畏 敌百虫		
186	冻鳌虾	SC/T3114—2002 冻鳌虾	甲基汞 无机砷 铅 镉 氯霉素 菌落总数 大肠菌群 金黄色葡萄球菌 大肠杆菌 沙门氏菌 副溶血性弧菌 李斯特菌 霍乱弧菌	铜	

序号	产品名称	适用标准	必检项目	选检项目	备注
187	干海带	GB19643—2005 藻类制品卫生标准	铅		a：以鲜重计 b：仅适用于干制品 c：适用于即食产品
188	干紫菜		无机砷		
189	盐渍海带		甲基汞 a 多氯联苯（总量） PCB138 PCB153 霉菌 b 菌落总数 c 大肠菌群 c		
190	盐渍裙带菜		沙门氏菌 c		
191	干燥裙带菜		副溶血性弧菌 c		
192	其他藻类制品		金黄色葡萄球菌 c 志贺氏菌 c		
193	虾米	GB10144—2005 动物性水产干制品卫生标准	无机砷 a		a：贝类及虾蟹类 b：鱼类 c：即食产品
194	干贝		铅 b		
195	淡菜		酸价（以脂肪计）		
196	干海参		过氧化值（以脂肪计）		
197	鱿鱼干		菌落总数 c		
198	其他动物性水产干制品		大肠菌群 c 金黄色葡萄球菌 c 志贺氏菌 c 副溶血性弧菌 c		
199	水发水产品	NY 5172—2002 无公害食品水发水产品	pH 值		
200	浸泡解冻品		甲醛		
201	浸泡鲜品		无机砷 甲基汞 铅 镉		

序号	产品名称	适用标准	必检项目	选检项目	备注
202	腌制生食动物性水产品	GB 10136—2005 腌制生食动物性水产品卫生标准	挥发性盐基氮 a 无机砷 甲基汞 N-二甲基亚硝胺 b 多氯联苯（总量）b PCB138b PCB153b 菌落总数 大肠菌群 金黄色葡萄球菌 志贺氏菌 副溶血性弧菌 沙门氏菌 寄生虫囊蚴		a：适用于蟹块、蟹糊 b：适用于海产品
203	盐渍海蜇头	NY 5171—2002 无公害食品 海蜇	甲基汞 无机砷 铅 镉 沙门氏菌 致泻大肠埃希氏菌 副溶血性弧菌 硼酸 明矾 亚硫酸盐		
204	盐渍海蜇皮				

注：

1. 当产品适用标准中规定的限量与 NY 5070 和 NY 5073 规定不一致时，以 NY 5070 和 NY 5073 为准。

2. 环丙沙星和恩诺沙星总量的测定按中华人民共和国农业部第 236 号公告规定执行，残留限量为 ≤100 μg/kg。

3. 如果产品的总汞检验值低于甲基汞的标准值，则可判定甲基汞合格；如果产品的总汞检验值高于甲基汞的标准值，则应检测甲基汞，并依据相应产品标准判定。

4. 孔雀石绿的测定按《水产品中孔雀石绿和结晶紫残留量的测定　高效液相色谱荧光检测法》（GB/T 20361—2006）规定执行，残留限量为 ≤0.5 μg/kg。

5. 硝基呋喃类代谢物的测定按《水产品中硝基呋喃类代谢物残留量的测定　液相色谱－串联质谱》（农业部 783 号公告－1－2006）规定执行，残留限量为 ≤1.0 μg/kg。

附录五　水产养殖质量安全管理规定

中华人民共和国农业部令第 31 号

第一章　总　则

第一条　为提高养殖水产品质量安全水平，保护渔业生态环境，促进水产养殖业的健康发展，根据《中华人民共和国渔业法》等法律、行政法规，制定本规定。

第二条　在中华人民共和国境内从事水产养殖的单位和个人，应当遵守本规定。

第三条　农业部主管全国水产养殖质量安全管理工作。县级以上地方各级人民政府渔业行政主管部门主管本行政区域内水产养殖质量安全管理工作。

第四条　国家鼓励水产养殖单位和个人发展健康养殖，减少水产养殖病害发生；控制养殖用药，保证养殖水产品质量安全；推广生态养殖，保护养殖环境。

国家鼓励水产养殖单位和个人依照有关规定申请无公害农产品认证。

第二章　养殖用水

第五条　水产养殖用水应当符合农业部《无公害食品 海水养殖用水水质》（NY 5052—2001）或《无公害食品 淡水养殖用水水质》（NY 5051—2001）等标准，禁止将不符合水质标准的水源用于水产养殖。

第六条　水产养殖单位和个人应当定期监测养殖用水水质。

养殖用水水源受到污染时，应当立即停止使用；确需使用的，应当经过净化处理达到养殖用水水质标准。

养殖水体水质不符合养殖用水水质标准时，应当立即采取措施进行处理。经处理后仍达不到要求的，应当停止养殖活动，并向当地渔业行政主管部门报告，其养殖水产品按本规定第十三条处理。

第七条 养殖场或池塘的进排水系统应当分开。水产养殖废水排放应当达到国家规定的排放标准。

第三章 养殖生产

第八条 县级以上地方各级人民政府渔业行政主管部门应当根据水产养殖规划要求，合理确定用于水产养殖的水域和滩涂，同时根据水域滩涂环境状况划分养殖功能区，合理安排养殖生产布局，科学确定养殖规模、养殖方式。

第九条 使用水域、滩涂从事水产养殖的单位和个人应当按有关规定申领养殖证，并按核准的区域、规模从事养殖生产。

第十条 水产养殖生产应当符合国家有关养殖技术规范操作要求。水产养殖单位和个人应当配置与养殖水体和生产能力相适应的水处理设施和相应的水质、水生生物检测等基础性仪器设备。

水产养殖使用的苗种应当符合国家或地方质量标准。

第十一条 水产养殖专业技术人员应当逐步按国家有关就业准入要求，经过职业技能培训并获得职业资格证书后，方能上岗。

第十二条 水产养殖单位和个人应当填写《水产养殖生产记录》（格式见附件1），记载养殖种类、苗种来源及生长情况、饲料来源及投喂情况、水质变化等内容。《水产养殖生产记录》应当保存至该批水产品全部销售后两年以上。

第十三条 销售的养殖水产品应当符合国家或地方的有关标准。不符合标准的产品应当进行净化处理，净化处理后仍不符合标准的产品禁止销售。

第十四条 水产养殖单位销售自养水产品应当附具《产品标签》（格式见附件2），注明：养殖单位、地址、养殖证编号、产品种类、规格、出池日期等。

第四章 渔用饲料和水产养殖用药

第十五条 使用渔用饲料应当符合《饲料和饲料添加剂管理条例》和农业

部《无公害食品渔用饲料安全限量》（NY 5072—2002）。鼓励使用配合饲料。限制直接投喂冰鲜（冻）饵料，防止残饵污染水质。

禁止使用无产品质量标准、无质量检验合格证、无生产许可证和产品批准文号的饲料、饲料添加剂。禁止使用变质和过期饲料。

第十六条 使用水产养殖用药应当符合《兽药管理条例》和农业部《无公害食品渔药使用准则》（NY 5071—2002）。使用药物的养殖水产品在休药期内不得用于人类食品消费。

禁止使用假、劣兽药及农业部规定禁止使用的药品、其他化合物和生物制剂。原料药不得直接用于水产养殖。

第十七条 水产养殖单位和个人应当按照水产养殖用药使用说明书的要求或在水生生物病害防治员的指导下科学用药。

水生生物病害防治员应当按照有关就业准入的要求，经过职业技能培训并获得职业资格证书后，方能上岗。

第十八条 水产养殖单位和个人应当填写《水产养殖用药记录》（格式见附件3），记载病害发生情况，主要症状，用药名称、时间、用量等内容。《水产养殖用药记录》应当保存至该批水产品全部销售后两年以上。

第十九条 各级渔业行政主管部门和技术推广机构应当加强水产养殖用药安全使用的宣传、培训和技术指导工作。

第二十条 农业部负责制定全国养殖水产品药物残留监控计划，并组织实施。

县级以上地方各级人民政府渔业行政主管部门负责本行政区域内养殖水产品药物残留的监控工作。

第二十一条 水产养殖单位和个人应当接受县级以上人民政府渔业行政主管部门组织的养殖水产品药物残留抽样检测。

第五章 附　则

第二十二条 本规定用语定义

健康养殖 指通过采用投放无疫病苗种、投喂全价饲料及人为控制养殖环境条件等技术措施，使养殖生物保持最适宜生长和发育的状态，实现减少养殖病害发生、提高产品质量的一种养殖方式。

生态养殖　指根据不同养殖生物间的共生互补原理，利用自然界物质循环系统，在一定的养殖空间和区域内，通过相应的技术和管理措施，使不同生物在同一环境中共同生长，实现保持生态平衡、提高养殖效益的一种养殖方式。

第二十三条　违反本规定的，依照《中华人民共和国渔业法》《兽药管理条例》和《饲料和饲料添加剂管理条例》等法律法规进行处罚。

第二十四条　本规定由农业部负责解释。

第二十五条　本规定自 2003 年 9 月 1 日起施行。

附件1　水产养殖生产记录

池塘号：　　；面积：　　亩；养殖种类：

饲料来源			检测单位			
饲料品牌						
苗种来源		是否检疫		投放时间		检疫单位
时间	体长	体重	投饵量	水温	溶氧	pH 值	氨氮

养殖场名称：　　养殖证编号：（　）养证〔　〕第　号

养殖场场长：　　养殖技术负责人：

附件2　产品标签

养殖单位	
地址	
养殖证编号	（　）养证〔　〕第　号
产品种类	
产品规格	
出池日期	

附件3 水产养殖用药记录

序号				
时间				
池号				
用药名称				
用量/浓度				
平均体重/总重量				
病害发生情况				
主要症状				
处方				
处方人				
施药人员				
备注				

后　记

　　本书是在我博士论文的基础上修改而成的。因此，它可以说是我在上海海洋大学学习、生活和工作经历的一个小结。在本书即将出版之际，首先我要衷心感谢我的导师张相国教授。正是在恩师悉心的教导下，我才能够顺利完成我的学业。多年来，在学习、生活和工作方面，张教授始终给予我悉心的指导和不懈的支持，张教授严肃的科学态度，严谨的治学精神，踏实的工作作风，给我留下深深的烙印。最为重要的是，张教授为我如何做人与做学术指点迷津，这对我今后从事教学研究工作，无疑是一笔巨大的财富。虽然我只跟随张教授读博数年，却给予我终生受益之道，让我对教师这个职业有着更加深刻的感悟和热爱。在此谨向张教授致以我崇高的敬意和衷心的感谢。

　　我在上海海洋大学求学和工作多年，有幸聆听了众多学术大家的教诲，为我的论文写作奠定了坚实的基础。上海海洋大学有着闻名全国的海洋经济和渔业经济管理领域的专家教授，我要特别感谢上海海洋大学许柳雄教授、陈新军教授、施志仪教授、高健教授、孙琛教授、戴小杰教授等在学业上的精心指导。同时，还要感谢平瑛教授、杨德利教授、杨正勇教授、张效莉教授、姜启军教授等的细心指点和热心帮助；尤其感谢顾湘副教授、杨杨副教授对我一直循循善诱的教导和帮助，不断地促使我进步；还要感谢上海海洋大学研究生部的黄金玲老师、刘晓丹老师、李先仁老师等，您们辛勤的付出，令我感动，也激励我要做好一位平凡的教师；感谢我的师兄车斌副教授、徐忠副教授、王严老师，我的师弟杨怀宇老师，是他们让我感到师门的温暖，在论文的写作过程中，得到诸位师兄弟的指点和启发，在此向各位师长表示诚挚的谢意。

　　在此，我还要感谢上海海洋大学人文学院领导、一起工作的各位同事，正是您们的帮助和支持，我才能克服一个一个的困难，直至本书的顺利完成。与您们一起共事是我的荣幸，谨向各位同仁表示诚挚的敬意和感谢。他们是人文学院的各位领导张继平院长、金龙副院长、高晓波副书记、孔凡宏院长助理。人文学院院长办公室段永红老师、卫明凤老师以及行政管理系李强华、徐纬光、姜地忠、魏永峰、张雯、郭倩、吴永红、王上、李凤月、陈松、李国军等老师。

本书中涉及的调查问卷和各地的实地调研，得到了上海市水产办主任梁伟泉、曹世娟和陈锦辉，上海市崇明县科委的张旭日副主任，上海市崇明县水产办公室主任龚蕾蕾，青浦区水产局技术推广站的张学江、苏明，金山区水产办的邹伟红、奉贤水产技术推广站的黄平、奉贤水产合作社的胡忠董事长等人的帮助。还有很多没有来得及留下通讯方式的水产工作者，没有您们的帮助，难以想象问卷调查的开展和第一手资料的获得。当然，也尤其要感谢上海海洋大学的邵征奕副教授和刘金立老师对调研工作的帮助。我还要感谢上海海洋大学人文学院的学生茹媛媛和任亚蒙两位同学，他们对问卷的数据处理给予了极大的帮助和支持。在此一并表示感谢。

多年来，我的父母用质朴的言语和正直的行为对我潜移默化，让我也要正直而善良地为人，父母的质朴和正直一直是我生活、学习和工作的动力，我深深地爱着我的父母，我要感谢父母为我分担家务，为我的求学付出的辛勤劳动；我也要深深地感谢我的姐姐、哥哥是他们一直在激励我勇往前进，非常感谢他们对我的理解与支持。

感谢我的爱人贺敏多年的支持、包容和信任，自从我们认识到现在，她自始至终都深深地爱着我，她给了我自由的学习时间和工作空间，鼓励我要向前看，不要畏惧困难，时刻提醒我要自信、正直和勇敢。我要特别感谢我的女儿，是她给我带来了做父亲的快乐和责任，也让我变得更加成熟和稳重。

在本书的编辑和出版过程中，要大力感谢张相国教授为本书出版提出了许多宝贵的意见，感谢上海海洋大学人文学院各位领导对本专著的出版给予的资助，在此表示衷心的感谢。

最后，谨向所有在我求学、生活、工作和成长过程中给予帮助、支持、关心的人致以最诚挚的谢意！

郑建明

2013 年 10 月于上海浦东新区